装配式混凝土建筑施工方法与质量控制

王雪飞　主　编

赣州建工集团有限公司
江西中煤建设集团有限公司　组织编写

中国建筑工业出版社

图书在版编目（CIP）数据

装配式混凝土建筑施工方法与质量控制 / 王雪飞主编；赣州建工集团有限公司，江西中煤建设集团有限公司组织编写．—北京：中国建筑工业出版社，2022.8（2023.11重印）
ISBN 978-7-112-27528-1

Ⅰ．①装… Ⅱ．①王… ②赣… ③江… Ⅲ．①装配式混凝土结构-混凝土施工 Ⅳ．①TU755

中国版本图书馆 CIP 数据核字（2022）第 100705 号

本书从装配式混凝土建筑施工角度出发，分析了装配式混凝土建筑的特点，系统地介绍了装配式混凝土建筑结构类型、建筑材料、构件分类与生产、预制混凝土构件连接、装配式混凝土建筑施工方法、装配式混凝土建筑施工质量控制与验收等，并结合实际案例进行说明。

本书内容丰富、深入浅出、浅显易懂，且具有较强的系统性与实用性。本书既可作为装配式混凝土建筑的施工指南，也可作为装配式混凝土相关从业人员的培训教材，同时对相应专业的高校师生学习装配式混凝土建筑也有很好的参考和学习价值。

责任编辑：徐仲莉

责任校对：李美娜

装配式混凝土建筑
施工方法与质量控制

王雪飞　主　编

赣州建工集团有限公司
江西中煤建设集团有限公司　组织编写

*

中国建筑工业出版社出版、发行（北京海淀三里河路9号）
各地新华书店、建筑书店经销
北京鸿文瀚海文化传媒有限公司制版
建工社（河北）印刷有限公司印刷

*

开本：787毫米×960毫米　1/16　印张：12¼　字数：213千字
2022年7月第一版　2023年11月第二次印刷
定价：**50.00**元

ISBN 978-7-112-27528-1
（39620）

前 言

近年来，我国政府在建筑业发展方面要求大力发展装配式建筑，同时给予相应的政策支持。随着我国大规模发展装配式建筑，装配式建筑施工方法与施工质量成为装配式建筑发展的瓶颈之一。装配式建筑施工水平的高低直接关系到装配式建筑的质量、成本和安全等，这将直接影响建设单位和使用单位的决策。

赣州建工集团有限公司积极响应国家号召，组成攻关团队，系统地开展装配式混凝土建筑的施工技术研究。本书主要内容包括装配式混凝土建筑类型、建筑材料、构件分类、预制构件连接、预制构件生产，装配式混凝土剪力墙结构、框架结构、预制楼板和阳台板、预制外挂墙板、装配式斜屋面叠合楼板、装配式剪力墙竖向连接铝模板、下套筒灌浆连接的施工方法，以及装配式混凝土建筑施工质量控制与验收。

本书由王雪飞主编，指导并编写各章节概要，把控整本书的编写思路和质量，并负责全书的协调、汇集编排及通篇的审核、校对、修改等工作。本书共7章，具体编写分工如下：第1章由王雪飞编写；第2章由钟瑾编写、第3章由钟瑾编著、第4章由徐朋静编写；第5章由徐朋静编写；第6章由王雪飞、钟瑾、徐朋静编写；第7章由王雪飞编写。

在编写过程中，参考或引用了已公开出版、发表的资料，其所有权仍属于原作者，在此一并表示感谢。由于编者水平所限，对书中出现的疏漏和不足之处，恳请广大读者和专家给予批评、指正。

目 录

第1章　绪　论

1.1　背景

当前我国建筑业仍存在施工工艺落后、材料和能源消耗高、建筑标准低、适应性和耐久性差等问题。随着我国经济的迅速发展，政府对节能减排、环境保护的要求日益提高，同时随着劳动力成本的快速上涨，建筑业转型升级势在必行。装配式建筑可实现精细化、协同化管理，提高生产效率，节约材料和节能减排等，它是用预制部品部件在工地装配而成的建筑。发展装配式建筑是建造方式的重大变革，是推进建筑业供给侧结构性改革的重要举措，有利于节约资源能源、减少施工污染、提升劳动生产效率和质量安全水平，有利于促进建筑业与信息化、工业化深度融合、培育新产业新动能、推动化解过剩产能。

2016年9月国务院办公厅印发的《关于大力发展装配式建筑的指导意见》中提出，各地区因地发展装配式建筑，且力争用10年左右的时间，使装配式建筑占新建建筑面积的比例达到30%。这个规模和发展速度在世界建筑产业化进程中也是前所未有的，即我国建筑界面临巨大的转型和产业升级压力。“十三五”以来，江西省积极探索形成推进装配式建筑发展的政策机制体系和技术体系，加快建立装配式建筑产业基地和示范项目，加快形成装配式建筑产业体系，有序推进装配式建筑在全省范围推广与发展。到2022年，政府投资房屋建筑和基础设施建设项目符合装配式建造条件的应采用装配式建造方式，装配式建筑工程项目装配率达到30%以上。到2025年，装配式建筑新开工面积占新建建筑总面积的比例达到40%。

2022年1月住房和城乡建设部印发的《“十四五”建筑业发展规划》中指出，到2035年，建筑业发展质量和效益大幅度提升，建筑工业化全面实现，建筑品质显著提升，产业整体优势明显增强，全面服务社会主义现代化强国建设。装配式建筑占新建建筑的比例达30%以上，新建建筑施工现场建筑垃圾排放量控制在每万平方米300t以下。构建装配式建筑标准化设计和生产体系，推动生产和施工智能化升级，扩大标准化构件和部品部件使用规模，提高装配式建筑综合效益，并推广集成化模块化建筑部品。开展绿色建造示范工程创建行动，提升工程建设集约化水平，实现精细化设计和施工。

随着我国大规模发展装配式建筑，装配式施工方法与施工质量将成为装配式建筑发展的瓶颈之一。装配式建筑的施工水平高低直接关系到装配式建筑的质量、成本和安全等，这将直接影响建设单位和使用单位的决策。尽管当前已有许多装配式建筑项目进行了生产与应用，但仍需进一步提高和规范装配式施工方法与质量，以及提升装配式建筑施工人员的水平与能力。

1.2 装配式混凝土建筑的特点

在装配式混凝土建筑的建造中，将楼板、楼梯、梁、柱、墙板等预制构件事先在工厂预制完成，到施工现场只需把它们拼合组装在一起。与传统现浇的混凝土建筑相比，装配式建筑在节约人力、提升施工质量、缩短工期、保护环境和提高施工效率等方面都有明显的改善，但在建筑成本、整体性能和建筑多样性等方面仍存在一些不足。

1.2.1 装配式混凝土建筑的优点

1. 建筑质量有保证

装配式混凝土建筑中，大部分构件从现场施工转变成工厂制造，构件质量受现场施工人员影响较小。预制构件在工厂采用机械自动化、流水化、信息化管理的流水线生产，施工地点集中，钢筋配筋、管线预埋、混凝土振捣等容易控制，可保证构件施工质量。每个构件产品的尺寸误差不超过3～5mm，并最大限度地改善墙体、楼板的开裂和渗漏等质量通病，提高住宅整体安全等级。养护时，容易控制温度、湿度等环境因素，有利于提高混凝土质量。

2. 施工周期短

由于装配式混凝土建筑中的预制构件均在工厂中预制，现场仅需采用机械化吊装，受天气影响较小，尤其适用于每年室外施工时间较短的寒冷地区。另外，装配式建筑平均每层的施工时间仅为3～4d，可缩短1/3～1/2的工期，有效降低劳动强度，降低劳动力方面的资金投入，并大幅度提高施工效率。建设周期的缩短意味着能更快地交房，有效加快项目施工整体进度，提高投资回报率。

3. 模数化、标准化、集成化设计

在满足装配式建筑承载能力和使用功能的前提下，采用模数化、标准化、集成化的设计方法，可有效降低构件模具的使用和提高生产效率，并兼具承载力、保温隔热和一体化装饰等技术，设备、管线均可应用集约化和设备能效技术，保证建筑系统的集成高效。另外，装配式装修系统应采用集成化的干法施工技术，建立合理、可靠、可行的建筑通用资源优化配置方案，提高建筑功能品质、质量精度及效率效益，实现建筑的装配化建造。

4. 部分性能更优

装配式混凝土建筑中预制构件的防水性、保温性和抗震隔声效果更佳。装配式混凝土结构的叠合楼板主要由预制层和现浇层组成，厚度通常为13cm，较传统混凝土板约厚3cm。尽管叠合楼板厚度的增加会增加建筑成本，但也使楼板强度、隔声效果、抗震性能和防火性更佳。另外，装配式混凝土预制墙板的墙体中间通常预制隔热保温材料，且拥有更好的强度和平整度，同时还具备保温、隔声和防水功能。

5. 施工安全性高

装配式混凝土建筑主要采用定型模板平面施工方法，以取代传统现浇混凝土的立体交叉方法，可提高施工生产效率和建筑质量。其中，绝大部分混凝土构件在工厂预制，大大提高了工程质量，降低了施工安全隐患和减少了施工现场安全事故。另外，外墙板预制构件通常采用一体化制作，且施工时可免搭外脚手架，仅需设置部分安全围栏，大幅度节省了脚手架和模板作业，并减少了钢材、木材资源的浪费，有效提高外墙施工的安全性。

6. 社会效益好

装配式混凝土建筑中预制构件在工厂生产时，采用蒸汽养护，养护用水可循环使用，大大减少了构件养护用水，同时还减少施工人员生活用水、施工现场冲洗固定泵和搅拌车的用水量。预制构件的工厂制作还能有效减少现场湿作业，降低施工现场粉尘和噪声的排放，同时还减少废砌块、废模板、废弃混凝土和废弃耗资等建筑垃圾。另外，装配式混凝土建筑对落实国家关于节能环保的要求和倡导起到积极作用，并促进了双碳目标的实现。

1.2.2 装配式混凝土建筑的缺点

1. 建筑成本增高

装配式建筑构件主要在工厂中预制，需运输至现场并吊装，且对运输条件和运输距离都有着较高的要求，使得构件成本增加。预制梁与预制柱连接处需做支模和二次现浇，节点处钢筋用量有所增加，且增加施工劳动力，从而造成建筑成本增加。预制构件运抵现场后，需采用吊车将构件吊装至指定位置，较传统建筑增加了吊装环节的机械措施费用。另外，预制外墙板、预制内墙板与主要结构相连接处常采用密封处理和某些连接件，可能产生额外的费用。

2. 整体性能较差

由于装配式混凝土建筑主要由多种预制构件拼接而成，其连接节点的力学性能会影响结构的整体性能，也属于结构“脆弱”的关键点。在连接节点施工过程中，可能存在钢筋与灌浆套筒不对位、灌浆不饱满和灌浆料堵塞等问题，需杜绝将钢筋剪断或钢筋煨弯，从而预防可能导致的灾难性事故。因此，装配式建筑需严格按照设计、制作、施工和使用过程中的设计要求和规范制作，且必须加强连接节点的施工质量。

3. 缺乏建筑多样性

当前，建筑常结合功能和场地等特点要求，会追求多样性和复杂性等。然而，装配式混凝土建筑一般建立在模数化、标准化和规格化的基础上，对建筑多样性的适应能力较差。另外，装配式建筑还需统筹预埋件、管道、保温隔热、建筑设备、电气安装的一体化设计，并在工厂里安装在预制混凝土构件中，通常只适用于标准单元。因此，装配式建筑标准化组件的个性化设计降低，尤其对个性化突出且单一元素较多的建筑不适用。

1.3 国内外装配式混凝土建筑发展与现状

1.3.1 国外装配式混凝土建筑发展与现状

1. 美国的发展与现状

20世纪70年代，美国国会通过了国家工业化住宅建造及安全法案。其中，美国联邦政府住房和城市发展部（简称HUD）颁布了美国工业化住宅建设和安全标准，对设计、施工、强度、持久性、耐火性、抗风抗震、节能和质量等都进行了规范。自此，一系列严格的行业标准开始应用，并一直沿用至今。随着装配式住宅逐渐盛行，装配式建筑的质量、美观、个性化、舒适性和建筑节能日益被重视，且装配式建筑外观与现浇住宅无明显差别。据美国工业化住宅协会统计，1997年新建工业化住宅113万套；2001年，装配式住宅总数已经达到1000万套，占住宅总量的7%。

美国的装配式建筑以其发达的工业化水平为基础，具有各产业协调发展、生产效率高、产业聚集、市场需求大等特点，预制构件和部品的标准化、系列化、专业化、模块化等几乎达到 100%。它不仅反映在主体结构的预制构件通用化上，还能反映各类制品和设备的模块化生产和商品化供应，且各构件连接简单、合理，如图 1-1 所示。用户可通过产品目录，买到所需的各类预制产品。这些构件结构性能好，有很大的通用性，也易于机械化生产。因此，装配式建筑预制构件的应用，降低了建设成本，提高了工厂通用性，并增加了施工的可操作性，有效促进了装配式建筑在美国的应用与发展。

图 1-1　芝加哥某停车场

2. 英国的发展与现状

英国的装配式建筑可追溯到 20 世纪初，其规模化和工厂化生产主要来源于第一次世界大战后对住宅的需求和建筑工人的短缺。1918～1939 年，约 22 万栋房屋采用装配式建造技术。1945 年第二次世界大战结束后，英国政府开始重点发展工业化制造和装配式建造方式，并积极引导装配式建筑发展。随后的几十年间，装配式住宅在新建建筑市场中的占比最多达到 30%。21 世纪初期，英国政府明确提出建筑生产领域需要通过工业化生产、持续新产品开发、集成化和模型化，并配合相关的政策和措施，以实现“成本降低 10%，时间缩短 10%，缺陷率、事故发生率均降低20%，劳动生产率、产值利润率均提高10%”的具体目标，促进装配式建筑及相应建造模式进一步转型和发展。

当前，英国政府已出台了一系列的政策文件和措施，主管部门协调各行业协会，制定完成相应的技术和标准体系，大力推行装配式建筑，并促进装配式建筑项目实践落地。同时，基于装配式建筑与传统现场建造建筑对专业人员技能要求的不同，努力建立专业技能与专业水平的认定体系，推进装配式建筑人才队伍的建设。另外，除了关注装配式建筑的体系研发、设计、生产和施工外，还全面发展相应的材料供应和制作等全产业链。

3. 德国的发展与现状

在社会经济因素和建筑审美因素等驱动下，德国自20世纪初开始发展建筑工业化。最早的装配式混凝土建筑是1926～1930年在柏林施普朗曼居住区建造的138套伤残军人住宅区，如图1-2所示，主要采用预制混凝土多层复合板构件。第二次世界大战后，由于住宅和劳动力的严重紧缺，德国采用预制大板建筑建造大量的装配式住宅，但存在造价高、建筑缺少个性的问题，难以满足当时的社会审美要求，1990年后基本不再使用。

当前，德国的装配式建筑主要采用钢筋混凝土框架剪力墙结构，同时依托强大的机械设备设计与加工能力，对梁柱、剪力墙、叠合楼板、外墙板和内隔墙板等构件均采用工厂化预制，并实现流水作业，耐久性较好。近年来，德国还提出了发展零能耗的被动式建筑，充分将装配式住宅与节能标准相融合，从而大幅度降低装配式建筑的能耗。因此，德国是世界上住宅装配化与建筑能耗幅度发展最快的国家。在装配式建筑工业化领域上，德国在设计理念、技术体系、人才培养等诸多方面均走在世界前列，住宅建筑采用预制装配式构件的高达94.5%。另外，德国大多数建筑施工企业都有着丰富的预制建筑施工经验，完成了许多建筑领域的创新与施工技术的创新。

4. 日本的发展与现状

随着日本经济的高速发展和人口的急剧膨胀，导致住宅需求量迅速增大，而建筑业明显存在人员不足和施工效率低等问题。因此，日本交通建设省开始制定一系列住宅工业化方针和政策，并于1968年提出了装配式住宅的概念，逐步实

图 1-2　柏林施普朗曼居住区

现模块化、标准化和部件化，从而使现场施工简单，有利于提高装配式建筑质量和施工效率。在 20 世纪 70 年代，装配式建筑重点发展楼梯单元、厨房单元、储藏单元、室内装修和浴室单元等，如图 1-3 所示的中银胶囊大楼。到了 20 世纪 80 年代中期，装配式住宅占竣工住宅的比例为 15% ～20%，住宅功能也有了较大的提高。进入 20 世纪 90 年代，竣工比例已提高到 25% ～28%，且推出了采用部件化、工业化的生产方式，大大提高了生产效率，并使装配式结构适用于不同高度的住宅生产体系。

日本的装配式建筑起步较晚，且发展道路与其他国家差异较大，但整体发展非常迅速，尤其是在内装部品方面非常成熟。为确保装配式建筑的质量和功能，制定了《工业化住宅性能认定规程》等，对工业化住宅性能展开认证。在推进装配式建筑规模化和产业化调整中，每五年就需要颁布住宅建设五年计划，且每个五年计划都有明确的促进住宅产业发展和性能品质提高方面的政策和措施。在政府的干预和支持下，有效确保了预制混凝土结构的质量，并始终坚持技术创新，建立统一的构件模数标准，进而解决了标准化和多样化之间的矛盾。当前，日本已通过建筑工业化方式使用预制梁柱、墙板和楼板等构件建造超过 200m 的超高层装配式住宅，并制定了详细合理的工程进度计划，实现标准层的施工进度为 4d/层，并交日本交通建设省审查通过。

图1-3 日本中银胶囊大楼

1.3.2 国内装配式混凝土建筑发展与现状

1. 国内装配式混凝土建筑的发展

我国的建筑工业化起步于20世纪50年代，主要借鉴苏联和东欧国家的经验和技术，旨在国内推行标准化、机械化、工厂化的预制构件和装配式建筑。20世纪70年代后期，装配式建筑体系得到快速发展，例如北京地区为满足高层住宅建设的发展需要，采用装配式大板住宅体系，其内墙板、外墙板和楼板均在工厂预制，在现场进行装配，施工过程中无须支架和模板，有效解决了当时住宅的需求。然而，自20世纪80年代末开始，装配式建筑的发展却遇到低潮，主要采用现浇钢筋混凝土结构体系。

有别于过去的全装配式和为进一步推进装配式建筑技术的发展，新型装配整体式结构的概念在2008年首次被提出，并最早在深圳市技术规范《预制装配整体式钢筋混凝土结构技术规范》SJG 18—2009中形成法规，其刚度、承载力和耐久性都类似于现浇混凝土结构。2010年，由同济大学、上海万科房地产有限公司和上海市建筑科学研究院（集团）有限公司等联合编制的《装配整体式混凝土住宅体系设计规程》DB/TJ 08—2071—2010也被发布，基本适应了新时期高层装配式建筑的发展需要。在国家和地方政府的支持下，装配式建筑迎来了快速发展，形成了如装配式剪力墙结构、装配式框架结构等多种形式的装配式建筑技术，并完成了多本技术规程的编制，满足建筑产业现代化发展转型升级的需求。同时，建筑工业化试点城市加大了装配式建筑的推广应用。

2. 国内装配式混凝土建筑的现状

随着社会的进步与发展，建筑业存在的劳动条件恶劣、劳动强度大等问题导致施工企业存在用工荒，施工现场环境污染大、水资源浪费大、噪声污染大、建筑垃圾多、施工质量不尽如人意等问题日益被重视。截至 2015 年底，全国累计装配式面积已达到 8000 万 m^2。2016 年以来，国务院办公厅、住房和城乡建设部陆续出台了《建筑产业现代化发展纲要》《关于大力发展装配式建筑的指导意见》《"十三五"装配式建筑行动方案》《"十四五"建筑业发展规划》等一系列重要文件，全国各地陆续出台了相关的装配式建筑指导意见和配套措施，通过优先用地安排、政府补助、税收优惠和容积率奖励等政策切实支持装配式建筑的发展。例如：

（1）北京市。2021 年发布的《关于进一步加快发展装配式建筑的实施意见（征求意见稿）》中指出，到 2022 年实现装配式建筑占新建建筑面积比例达到 40%以上，到 2025 年实现装配式建筑占新建建筑比例达到 55%，到"十四五"末基本建成以标准化设计、工厂化生产、装配化施工、一体化装修、信息化管理和数字化应用为主要特征的现代建筑产业体系。

（2）天津市。"十三五"末，已实现装配式建筑项目占当年新建开工量 30%的目标。"十四五"期间，全市国有建设用地新建居住建筑和公共建筑实施 100%的装配式建筑。同时，稳步提高装配化装修比例，推广管线分离、一体化装修技术和模块化建筑部品，提高装修品质和降低运行维护成本。

（3）上海市。2020 年上海市新开工装配式建筑地上建筑面积约占新开工建筑地上建筑面积的 91.7%。到 2025 年，完善适应上海特点的装配式建筑制度、技术、生产、建造和监管体系，使装配式建筑成为主要建设方式。另外，全市采用装配式建筑的新建公租房、廉租房和长租公寓需逐渐实现装修部品构配件预制化。同时，深化建筑业创新转型发展，加强信息化和智能化技术应用。

（4）广东省。将珠三角城市群列为装配式建筑重点推进地区，要求到 2020

年年底，装配式建筑占新建建筑面积比例达 15%以上，其中政府投资工程装配式建筑面积占比达到 50%以上；到 2025 年年底前，装配式建筑占新建建筑面积比例达到 35%以上，政府投资工程装配式建筑面积达到 70%以上，且城镇绿色建筑占新建民用建筑比例达 100%。

（5）江西省。2020 年发布的《关于加快推进全省装配式建筑发展的若干意见》中指出，到 2022 年，政府投资房屋建筑和基础设计建设项目，符合装配式建造条件的应采用装配式建造方式，装配式建筑新开工面积占新建建筑总面积不低于 30%，到 2025 年该比例需达到 40%。赣州市 2022 年新开工项目中装配式建筑面积占比不低于 35%，到 2025 年该比例需达到 50%，如图 1-4 所示的赣州市章贡区某装配式混凝土项目。

图 1-4　赣州市章贡区某装配式混凝土项目

3. 国内装配式混凝土建筑的不足与建议

（1）不足

当前，我国的建筑设计与施工水平已达到或超过发达国家技术水平，但当前国内重点发展的装配式混凝土建筑仍存在以下问题：

① 建造成本高。当前装配式混凝土建筑的普及率较低，市场对预制构件的需求总量较小，未体现出工厂化的优势。同时，对预制构件的运输具有较高的要求，使得预制构件的生产、运输和施工成本之和高于传统现浇混凝土结构成本。

② 标准有待健全。虽然国家和地方都出台了一系列与装配式建筑相关的标准，但还需进一步完善部品、构配件的工业化设计标准和产品标准，进而提高标准化、系列化和通用化程度，否则无法发挥工业化建造的优势。

③ 标准化和多样性相冲突。实现预制构件的标准化可大幅度降低成本，减少模具的套数，并方便装配式项目设计与施工企业安装。然而，装配式建筑存在的多样化与预制构件的标准化相冲突，需有效兼顾二者的关系。

④ 连接节点精度高。装配整体式混凝土结构需将预制梁柱和组合楼板吊装在指定位置后，再固定并支模板后进行浇筑，过程较为烦琐。对全装配式混凝土梁柱节点，其安装精度要求高，且转动刚度和承载力均较小，影响结构的抗震性能。

⑤ 施工安装相对复杂。由于装配式混凝土结构与传统现浇混凝土结构在施工方法、项目管理上有较大差别，装配式混凝土结构施工安装过程相对复杂，对构件运输、堆放、吊装和构件临时固定等均需进行合理安排，并导致施工周期更长。

⑥ 人才储备不足。由于装配式混凝土建筑在设计和施工等方面与现浇混凝土建筑存在较大差异，但对于装配式混凝土建筑专业人员的培训和培养不足，严重制约着装配式建筑的发展。

（2）建议

为更好地推进新时期我国装配式建筑的发展，提出以下几点建议：

① 注意市场引导。各级政府在推广装配式建筑过程中，需因地制宜，根据本地的实际情况制定装配式建筑推广比例、建筑类型等，以取得良好的社会效益与经济效益，并提高企业竞争力。各预制构件企业需面向社会开放，以提高其利用率。对于采用装配式的建筑，应给予一定的税收减免、政策扶植等政策。

② 推进装配式全产业链建设。装配式建筑的发展需贯穿从设计、生产制作、运输、施工、验收和运营的全过程。为反映装配式建筑的优势，需抓紧建筑设计这个龙头，重点做好工厂加工这一关键环节，施工过程中全面贯彻“四节一环保”，以降低资源消耗、减少环境污染和提高施工效率等。

③ 加强高性能装配式建筑和装修技术整合。完善适用于不同建筑类型的装配式混凝土结构体系，加大高性能混凝土、高强钢筋、消能减震技术和预应力技术的集成应用。积极推进装配化装修方式的应用，推广管线分离、一体化装修技术，推广集成化模块化建筑部品，促进装配化装修与装配式建筑深度整合。

④ 引入数字化技术。完善标准化和模块化装配式构件，建立标准化部品部件库，推进建筑平面、立面、部品部件、接口标准化，推广少规格、多组合设计方法，实现标准化和多样性的统一。同时，加快推进建筑信息模型技术在工程全生命周期的集成应用，推动工程建设全过程数字化成果交付和应用。

⑤ 绿色建造方式。开展绿色建造创新中心，加快推进关键核心技术攻关与产业化应用，构建覆盖工程建设全过程的绿色建造标准体系。积极推进施工现场建筑垃圾减量化，推动建筑废弃物的高效处理与再利用，探索建立研发、设计、建材和部品部件生产、施工、资源回收再利用的一体化协同绿色建造产业链。

1.4 装配式混凝土建筑施工方法

1.4.1 主要施工特点

传统现浇混凝土建筑的施工模式主要是搭设脚手架、支模板、绑扎钢筋、现场浇筑混凝土以及拆模板的作业模式。装配式混凝土建筑在结构设计、构件生产、构件运输和构件安装的全过程都有别于现浇混凝土建筑，其施工特点主要包括：

（1）构件主要在工厂预制，现场加工少，减少了对环境的污染；

（2）预制构件在工厂以机械化、标准化生产，提高了构件的精度和质量，并保证了装配式建筑工程的品质；

（3）预制构件现场安装时（图1-5），依托重型机械设备，可有效减少劳动力和提高工程成果；

（4）构件在预制生产过程中，可将保温材料、防水材料等与预制构件相结

图 1-5　预制混凝土构件现场安装

合，提高装修效率和减小施工工序；

（5）现场劳动力的数量大幅度降低，同时工人的专业性要求提高。

1.4.2　基本建造流程

传统现浇混凝土建筑的设计与施工相互独立，建造过程中大部分问题会在施工阶段暴露，例如钢筋碰撞、管线碰撞、承重墙开洞、装饰装修等问题。装配式混凝土建筑中预制构件的工厂化生产，打破了传统的建筑设计、生产、施工和装饰装修四个环节各自为战的问题，使得整个建造流程高度统一。装配式混凝土建筑主要体现为标准化设计、工厂化生产、装配化施工、一体化装修和自动化管理的“五化合一”，进而将施工阶段的问题提前在设计阶段和生产阶段解决。

1. 预制构件设计

预制构件在生产前，拆分和深化设计是两个重要环节，是提高工业化生产效率、降低成本和统筹施工的重要途径。预制构件的难点在于钢筋混凝土预制构件的精度要求高、质量要求高，以及吊装的孔位和安装的螺丝孔定位要求高，生产阶段是工程质量控制的核心阶段（图 1-6）。另外，预制构件中水、暖、电各专业管线的预埋可能影响其自身质量，进而影响装配式混凝土建筑质量和抗震性能等。

图 1-6　预制混凝土构件的生产

2. 预制构件运输

预制构件生产完成并满足要求后，需制定预制构件的存储方案和运输方案。存储方案包括存储方式、制作存储货架、确定存储场地和其他辅助物料需求。运输方案包括厂内转运和厂外转运，厂内转运是指预制构件从生产车间转运至工厂内存放的过程；厂外转运是指预制构件从工厂内存放位置转运至施工现场的过程，主要包括立体运输方案和平层叠放运输方式，如图 1-7 所示。

3. 预制构件吊装

将预制构件运输至施工现场后，需对装配式建筑主体结构进行吊装、定位和安装等（图 1-8），主要流程包括：构件运输→弹线定位→标高测量→吊装预制外墙板、垂直度校核→外墙板缝宽度控制→连接件安装→板缝封堵→吊装叠合梁→吊装预制内墙板→填充柱钢筋绑扎→支模板和安装斜支撑→混凝土浇筑→模板和斜支撑拆除→搭设叠合板底模板→搭设防护栏杆→楼板管线预制和叠合板钢筋绑扎→楼面标高控制→混凝土浇筑→楼面找平压光。

(a) (b)

图 1-7　预制混凝土构件的堆放与运输

（a）堆放；（b）运输

图 1-8　预制混凝土构件的吊装

4. 装修一体化

装修一体化是装配式混凝土建筑中的重要内容。在主体结构完工后，装修一体化尤其要注意防水施工。整体浴室是装修一体化的具体体现，它可以弥补传统模式下卫生间土建和装修分离的缺点，可在工厂中一次成型，具有施工效率高、质量好、防水性能卓越等特点。整体浴室可满足个性化定制，如图 1-9 所示，其施工要点包括：防水盘的安装，左臂板、右臂板、前臂板、后臂板、顶板的安装，浴室部件的安装，与外部接口和连接件的安装。另外，装配式建筑中其他位置的防水处理也需采用材料防水、构造防水等多道防水的理念，处理好外墙、外窗、屋面和厨房等位置的防水，主要技术要求包括防水材料选择、外墙防水密封胶施工、外窗防水施工、屋面防水施工和厨房、阳台防水施工。

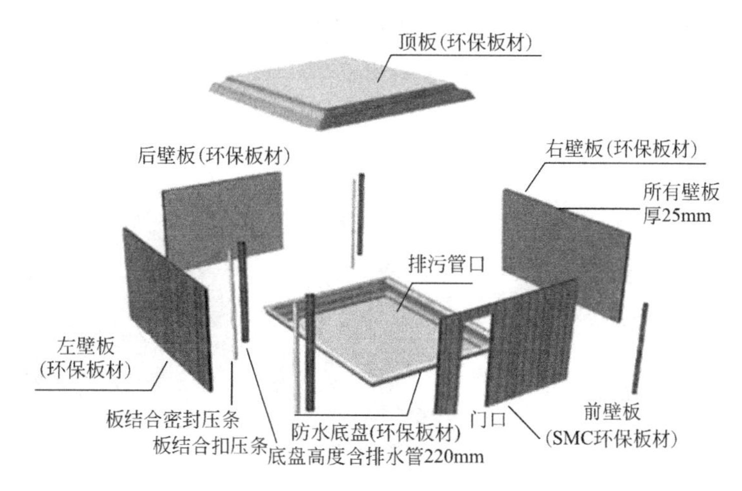

图 1-9 整体浴室

1.4.3 常用吊装设备

装配式混凝土建筑施工时，需利用起重机械设备，将预制构件按照设计要求组装成整体。装配式施工中，选择合适的起重机械设备可有效降低预制构件加工和安装难度，提高构件安装质量和缩短安装时间，并有利于建筑的整体性。

预制构件吊装所用设备和工具主要包括吊装索具和起重设备。其中，吊装索具包括锻造吊具、链条索具和钢丝绳等，如图 1-10 所示；起重设备有塔式起重机、履带式起重机和汽车式起重机等，如图 1-11 所示。

1.4.4 钢筋连接方式

装配式混凝土构件之间的钢筋连接主要传递压力、拉力、剪力、弯矩，少部

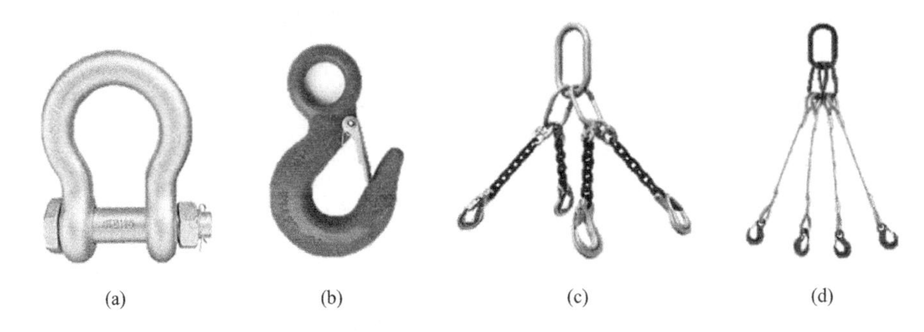
(a) (b) (c) (d)

图 1-10 预制构件的吊装索具

(a) 弓形卸扣；(b) 眼形吊钩；(c) 链条索具；(d) 压制索具

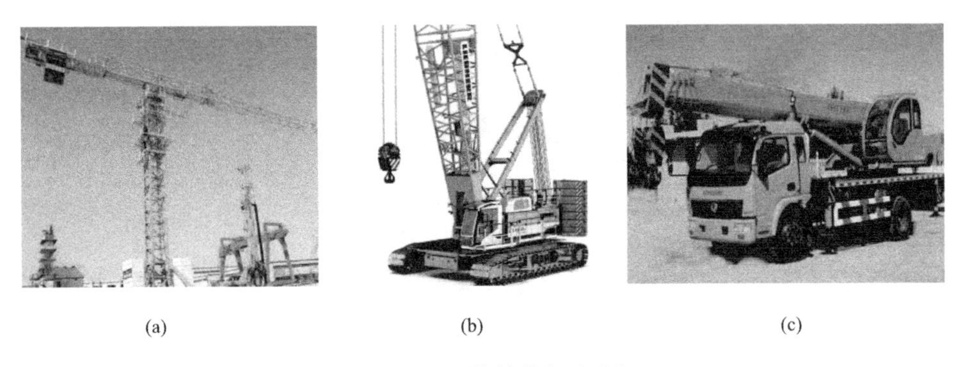
(a) (b) (c)

图 1-11 预制构件的起重设备

(a) 塔式起重机；(b) 履带式起重机；(c) 汽车式起重机

分传递扭矩。钢筋连接质量的好坏对装配式混凝土结构的整体性影响非常大，连接接头的质量及传力性能是影响结构受力性能的关键。传统的钢筋连接技术主要包括焊接连接和钢筋绑扎搭接连接，无法适应装配式钢筋连接的要求。目前装配式结构钢筋连接方式主要包括浆锚搭接、机械连接及套筒灌浆连接。

1. 浆锚搭接

浆锚搭接主要是在上部预制构件中预留一个混凝土孔道，并将下部预制构件的外伸浆锚钢筋伸入孔道内，与孔道内的预留钢筋相互错开。施工时，灌浆料从灌浆孔中注入，直至从出浆口流出后停止注浆，凝结硬化后可实现钢筋搭接。浆锚搭接主要包括金属波纹管搭接和约束浆锚搭接，具体构造如图 1-12 所示。

（1）金属波纹管搭接

金属波纹管为一种类似波浪的金属软管，其材质一般为不锈钢、碳钢和铝质等轻型材料，具有抗腐蚀能力好、密封性好和抵抗变形能力强等特点。金属波纹管连接技术主要是在预留孔道中设置金属波纹管，然后向管内注入灌浆料，实现两个构件的搭接，如图 1-12（a）所示。目前已用于普通建筑竖向构件和剪力墙连接中。

（2）约束浆锚搭接

约束浆锚搭接是将锚固钢筋伸入内壁形状为波浪形或螺旋形的预留孔道内，在锚固钢筋四周都布置沿孔道长度方向的横向螺旋箍筋，从而加强了对锚固钢筋的约束作用，如图 1-12（b）所示，当钢筋满足搭接长度时，往注浆孔内注入高强灌浆料即可实现搭接钢筋之间的连接。目前已应用于预制剪力墙等构件连接中。

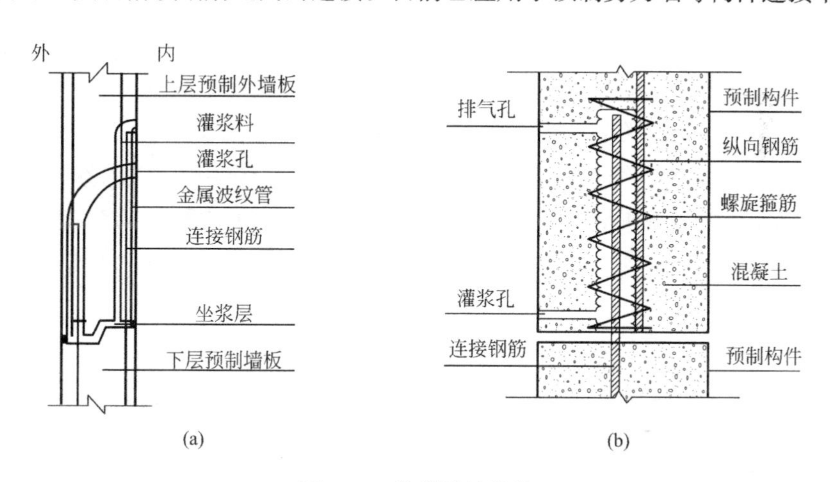

图 1-12　浆锚搭接构造

（a）金属波纹管搭接；（b）约束浆锚搭接

2. 机械连接

钢筋机械连接主要指连接钢筋与连接件之间通过机械咬合力和钢筋端面的受压作用，将作用力在连接钢筋间传递，它对钢筋周围混凝土抗压强度和保护层厚度的要求较小。钢筋机械连接主要包括挤压套筒连接、直螺纹套筒连接和锥螺纹套筒连接，如图 1-13 所示。

（1）挤压套筒连接

挤压套筒连接是将螺纹钢筋端部插入定制的金属套筒内，通过施加侧向挤压力使钢制套筒产生塑性变形，变形后的套筒与螺纹钢筋之间产生紧密的机械咬合力，从而实现钢筋之间的连接，如图1-13（a）所示。该种钢筋套筒接头具有力学性能优异、施工速度快、操作环境要求低等特点，但特制套筒价格较高，仅适用于特定部位，且保养难度大，易产生油渍污染钢筋，影响钢筋性能。

（2）锥螺纹套筒连接

锥螺纹套筒连接利用锥螺纹承受横向和纵向作用力，具有承载力高和自密性好等特点。在两根连接钢筋端部车削出锥螺纹，用规定的扭矩值将锥螺纹钢筋和套筒内螺纹拧成整体，如图1-13（b）所示。锥螺纹套筒连接施工简单，连接钢筋易于对中，接头连接质量检测简便。然而，锥螺纹套筒连接端部钢筋直径小于钢筋母材直径，对强度有一定影响，且锥螺纹加工质量要求较高。

（3）直螺纹套筒连接

直螺纹套筒连接是一种与焊接、搭接作用相同的钢筋连接方法，它主要利用车床机器将连接钢筋端头直接滚轧出直螺纹，并与连接套筒内螺纹对拧形成接头整体。直螺纹套筒连接效率较高，适合于大面积应用推广。此外，滚轧直螺纹存在局部冷作硬化的作用，螺纹的疲劳强度、抗剪强度、抗拉强度和韧性都有较大的提升。然而，当直螺纹加工质量精度不高时，易造成钢筋和套筒滑丝的现象。

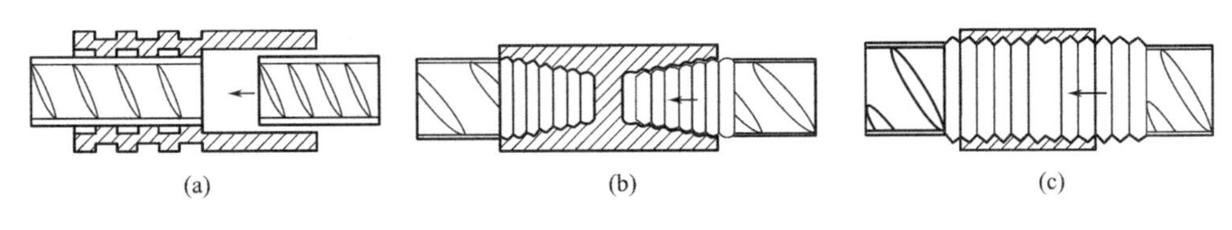

图1-13 钢筋机械连接

（a）挤压套筒连接；（b）锥螺纹套筒连接；（c）直螺纹套筒连接

3. 套筒灌浆连接

套筒灌浆连接技术性能优异、优点突出，在装配式混凝土建筑中梁与梁、柱与柱、墙与墙连接中应用广泛，并逐渐成为装配式混凝土结构最可靠、最重要的连接方式之一。钢筋套筒灌浆连接接头主要由带肋钢筋、金属套筒和灌浆料三部分组成。套筒按照加工工艺可分为球墨铸铁套筒和机械加工钢制套筒，套筒的现状多为圆柱形或纺锤形。套筒两个端部分别设置灌浆孔和排浆孔，中部位置有钢筋位置对中的限位挡板。另外，套筒在沿长度方向上设置抗剪键，以增强套筒对灌浆料的约束作用；套筒端口由密封橡胶环堵塞，起到防止漏浆和密封的作用。

钢筋套筒灌浆连接的技术原理：将一侧预制构件锚固钢筋伸入另一侧预制构件预埋套筒内，在锚固钢筋对中后，通过高压注浆机将灌浆料从灌浆孔注入，并从排浆口排出。待灌浆料凝结硬化后，通过套筒剪力键和钢筋横肋实现套筒、灌浆料和锚固钢筋三者的可靠连接。根据锚固钢筋和灌浆套筒的连接形式不同，可将钢筋套筒灌浆连接分为全灌浆套筒连接和半灌浆套筒连接，如图1-14所示。

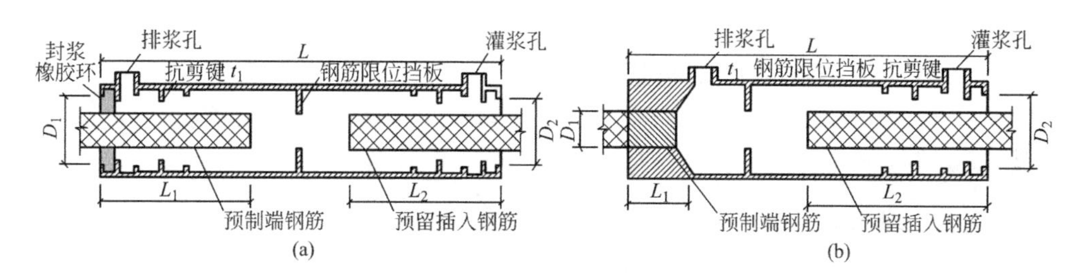

图1-14　钢筋套筒灌浆连接

（a）全灌浆套筒连接；（b）半灌浆套筒连接

（1）全灌浆套筒连接

如图1-14（a）所示，全灌浆套筒两端钢筋均通过灌浆料锚固作用实现连接，带有密封橡胶环的一端为预装端，与预制构件的外伸钢筋相连。全灌浆套筒的适用范围较广，适用于各种横向构件和竖向构件。全灌浆套筒连接对精度控制要求比较低，可在复杂的天气状况下施工，提高了施工效率，可大大缩短施工周期，使接头的可靠性、安全性和耐久性得到保证。

（2）半灌浆套筒连接

如图1-14（b）所示，半灌浆套筒一端采用套筒内螺纹和钢筋外螺纹形成机械连接接头，另一端采用灌浆料锚固连接。施工时，一端先用规定的扭矩值将外螺纹钢筋和套筒机械端连接，再预埋到预制构件内部；另一端预制构件的锚固钢筋伸入锚固端内部，再进行灌浆连接。与全灌浆套筒相比，半灌浆套筒的体积更小，套筒钢材和灌浆量的用量较少，适用于梁、板的连接；机械连接端加工工艺相对复杂，对施工精度要求较高，综合性能偏低。

1.5 装配式混凝土建筑工程质量控制

装配式混凝土建筑工程质量控制是指控制好各建设阶段质量和施工阶段各工序质量，以确保工程满足相关标准和合同约定要求。工程质量控制目标是确保预制构件生产和安装质量达到设计要求，它包含生产、运输和安装全过程质量控制。厂家应提供生产数据进行统计和分析，并提供有针对性的质量改进措施。

1.5.1 工程质量控制特点

装配式混凝土建筑工程质量控制需要对项目前期可行性研究、设计、工厂内构件预制、现场施工及竣工验收等各阶段的质量进行控制。与传统现浇钢筋混凝土建筑相比，装配式混凝土建筑质量控制方面的区别主要体现在以下几点：

1. 质量管理步骤

由于装配式混凝土建筑中预制构件主要在工厂内完成，其质量管理首先针对工厂中的预制构件，这有别于传统现浇建筑中第一步的工程施工现场。监理单位在工厂内对预制构件质量进行监督时，需从原材料的抽样检验、预制构件的生产全过程和构件出厂的质量验收等关键环节进行严格管理。

2. 质量控制过程

预制构件对精度、质量、吊装孔位和螺丝孔定位要求高，若出现偏差则无法安装。因此，必须严格控制所有预埋件位置，确保生产构件质量。对关键质量控制点、关键部位和特殊控制过程进行技术交底；对钢筋绑扎、灌浆套筒安装、预埋件安装、保温材料铺贴、管线敷设和吊点吊环安装等进行复核。

3. 精细化设计

装配式混凝土建筑预制构件需要满足标准化、模块化要求，并适应建筑的多样性。因此，预制构件的规格和型号等应尽可能少，且连接件、水电管线等均需提前预埋，对施工要求高。相比于传统的现浇混凝土结构，设计人员需要对装配式建筑进行更精细化的设计，才能满足装配式建筑生产和安装的准确性。

4. 工程质量易于保证

由于装配式混凝土建筑采用精细化设计、工厂预制和现场机械拼接，并结合信息化技术的应用，使整体结构和各组成构件的观感、尺寸偏差和安装精度都比现浇结构更容易被控制，且强度更加稳定。因此，可以避免现浇混凝土结构中蜂窝、孔洞、露筋等通病的出现，使其工程质量更易于控制和保证。

1.5.2 工程质量影响因素

装配式混凝土建筑因其独特的装配性质，影响其工程质量的因素也有别于现浇混凝土建筑，主要包括施工人员素质、工程材料质量、机械设备选取和施工工艺水平等，具体表现为：

1. 施工人员素质

尽管装配式混凝土预制构件均在工厂内生产，但该种结构具有机械化水平高、批量生产和安装精度高等特点，对现场施工人员的素质尤其重视。现场施工人员的专业技能、文化水平和组织管理能力对工程质量影响非常明显，故培养高素质的产业化人才是确保装配式建筑产业现代化的必然条件。

2. 工程材料质量

装配式混凝土建筑中各预制构件、连接件、半成品和现浇连接等工程材料质量是整体结构质量的基础。预制构件混凝土强度、钢筋分布和规格尺寸是否符合设计、力学性能和运输，以及钢筋套筒灌浆连接的质量、后浇部分连接的质量合格与否，都将直接影响工程的安全性、舒适性、使用功能等。

3. 机械设备选取

装配式混凝土建筑的工厂生产和现场安装过程中，对机械设备的依赖性非常高。主要包括：工厂内生产预制构件的各类模具、布料机、模台等生产机具设备；现场施工中的吊装索具、起重机械、运输设备等施工机具设备；生产和安装过程中所需的各类测量设备。这些机械设备均对结构工程质量有着非常重要的影响。

4. 施工工艺水平

装配式混凝土建筑中预制构件加工过程中，需采用特定加工工艺以保证构件质量，否则可能造成质量缺陷和成本增加。现场吊装过程中，吊装顺序和方法的选择也会直接影响构件安装质量。预制构件之间的节点连接施工工艺对装配式结构安全性起决定性作用。因此，需不断提高施工工艺水平，保证工程质量。

1.5.3 工程质量控制依据

装配式混凝土建筑工程质量控制主体包括设计单位、构件生产单位、建设单位、项目管理单位、监理单位等。工程质量控制主要包括合同文件、勘察设计文件、质量标准等，但不同单位还应根据其管理职责和依据进行质量控制。

1. 合同文件

装配式混凝土建筑的建设单位应分别与设计单位签订设计合同、与生产厂商签订预制构件采购合同、与施工单位签订现场安装施工合同等，以便依据各合同文件控制装配式混凝土结构的工程质量。

2. 勘察设计文件

勘察设计是指工程进行过程中的设计、施工勘察、出设计图纸等内容，它主要包括工程测量、工程地质勘察和水文地质勘察等。工程勘察设计文件是工程项目选址、工程设计和工程施工的重要文件和科学依据。设计单位应当根据勘察成果文件进行建设工程设计，并保证工程质量。

3. 质量标准

装配式混凝土建筑在设计、施工、验收等阶段，都需要严格遵守国家、行业、地方和企业相关标准。适用于装配式混凝土建筑的结构设计、施工方法、质量控制等各阶段的主要标准如表 1-1 所示。

我国装配式建筑结构相关的标准和规程 表1-1

序号	标准名称	标准号	年份	类别
1	《装配式混凝土建筑技术标准》	GB/T 51231	2016	国家标准
2	《混凝土结构工程质量验收规范》	GB 50204	2015	国家标准
3	《混凝土结构设计规范》	GB 50010	2010	国家标准
4	《预应力混凝土空心板》	GB/T 14040	2007	国家标准
5	《混凝土结构工程施工规范》	GB 50666	2011	国家标准
6	《建筑工程施工质量验收统一标准》	GB 50300	2013	国家标准
7	《钢结构工程施工质量验收标准》	GB 50205	2020	国家标准
8	《建筑施工场界环境噪声排放标准》	GB 12523	2011	国家标准
9	《装配式混凝土结构技术规程》	JGJ 1	2014	行业标准
10	《钢筋连接用灌浆套筒》	JG/T 398	2019	行业标准
11	《钢筋连接用套筒灌浆料》	JG/T 408	2019	行业标准
12	《建筑机械使用安全技术规程》	JGJ 33	2012	行业标准
13	《施工现场临时用电安全技术规范》	JGJ 46	2005	行业标准
14	《建筑施工起重吊装工程安全技术规范》	JGJ 276	2012	行业标准
15	《钢筋套筒灌浆连接应用技术规程》	JGJ 355	2015	行业标准
16	《预应力混凝土用金属波纹管》	JG/T 225	2020	行业标准
17	《建筑施工高处作业安全技术规范》	JGJ 80	2016	行业标准
18	《钢筋机械连接技术规程》	JGJ 107	2016	行业标准
19	《钢筋机械连接用套筒》	JG/T 163	2013	行业标准
20	《钢结构高强度螺栓连接技术规程》	JGJ 82	2011	行业标准
21	《钢筋锚固板应用技术规程》	JGJ 256	2011	行业标准
22	《装配式混凝土结构表示方法及示例(剪力墙结构)》	15G107-1	2015	国家标准图集
23	《装配式混凝土剪力墙结构住宅施工工艺图解》	16G906	2016	国家标准图集
24	《装配式混凝土结构连接节点构造(楼盖结构和楼梯)》	15G310-1	2015	国家标准图集
25	《装配式混凝土结构连接节点构造(剪力墙结构)》	15G310-2	2015	国家标准图集

第2章 装配式混凝土建筑概述

2.1 装配式混凝土建筑结构类型

2.1.1 装配式混凝土剪力墙结构

装配式剪力墙是将全部或部分剪力墙采用预制墙板，并与叠合楼板、楼梯及阳台等预制构件，在施工现场通过后浇混凝土、水泥基灌浆料等可靠连接方式形成整体的混凝土剪力墙结构体系。预制剪力墙通过后浇一字形、T字形、L形节点进行连接，水平接缝通过后浇带和灌浆套筒连接。预制剪力墙之间的连接面应做粗糙面、键槽等处理以连接新旧混凝土。装配式剪力墙结构是近年来我国装配式住宅建筑中应用最多、发展最快的结构体系，其特点是全部或部分剪力墙采用预制，楼板采用叠合板，剪力墙竖向钢筋采用套筒灌浆连接，边缘构件采用现浇混凝土连接方式。

装配式剪力墙结构中，预制剪力墙构件应沿建筑两个方向均匀布置。剪力墙截面宜简单、规则，门窗洞口宜上下对齐、成列布置。地下室、底部加强部位的剪力墙宜采用现浇构件。预制剪力墙之间的竖向接缝与现浇剪力墙结构宜相同，主要在结构边缘构件部位采用现浇方式与预制墙板形成整体，且水平钢筋在后浇部位实现可靠连接或锚固。预制剪力墙水平接缝位于楼面标高处，水平接缝处钢筋可采用套筒灌浆连接、浆锚搭接连接或在底部预留后浇区内搭接连接的形式。该结构体整体受力性能与现浇剪力墙结构相当，按“等同现浇”设计原则进行设计。

装配式混凝土剪力墙结构可以分为三种：①装配整体式剪力墙结构；②双面叠合混凝土剪力墙结构；③单面叠合混凝土剪力墙结构。

1. 装配整体式剪力墙结构

装配整体式剪力墙结构主要指内墙采用现浇、外墙采用预制的形式，如图 2-1 所示。预制构件之间的接连方式采用现场现浇的方式。在万科企业股份有限公司（以下简称万科集团）的北京工程中采用了这种结构，并且已经成为试点工程。由于内墙现浇致使结构性能与现浇结构差异不大，因此适用范围较广，适用高度也较高。部分或全预制剪力墙结构是目前采用较多的一种结构体系。全预制剪力墙结构的剪力墙全部由预制构件拼装而成，预制墙体之间的连接方式采用湿连接，其结构性能小于或等于现浇结构。该结构体系具有较高的预制化率，同时也存在某些缺点，比如施工难度较大、拼缝连接构造较复杂等。

图 2-1　装配整体式剪力墙结构

2. 双面叠合混凝土剪力墙结构

如图 2-2 所示，双面叠合混凝土剪力墙结构由叠合墙板和叠合楼板（现浇楼板），辅以必要的现浇混凝土剪力墙、边缘构件、梁共同形成的剪力墙结构。在工厂生产叠合墙板和叠合楼板时，在叠合墙板和叠合楼板内设置钢筋桁架，钢筋桁架既可作为吊点，又能增加构件平面外刚度，防止起吊时构件开裂。同时钢筋桁架作为连接双面叠合墙板的内外叶预制板与二次浇注夹芯混凝土之间的拉结筋，作为叠合楼板的抗剪钢筋，保证预制构件在施工阶段的安全性能，提高结构整体性能和抗剪性能。在进行双面叠合剪力墙结构分析时，采用等同现浇剪力墙的结构计算方法进行设计。双面叠合剪力墙结构的建筑高度通常在 80m 以下，当超过 80m 时，需进行专项评审。双面叠合混凝土结构中的预制构件采用全自动机械化生产，构件摊销成本明显降低；现场装配率、数字信息化控制精度高；整体性与结构性能好，防水性能与安全性能得到有效保证。

图 2-2　双面叠合混凝土剪力墙结构

3. 单面叠合混凝土剪力墙结构

单面叠合混凝土剪力墙结构是指建筑物外围剪力墙采用钢筋混凝土单面预制叠合剪力墙，其他部位剪力墙采用一般钢筋混凝土剪力墙的一种剪力墙结构形式。单面叠合剪力墙是实现剪力墙结构住宅产业化、工厂化生产的一种方式。和预制混凝土构件相同，预制叠合剪力墙的预制部分即预制剪力墙板在工厂加工制作、养护，达到设计强度后运抵施工现场，安装就位后和现浇部分整浇形成预制叠合剪力墙。带建筑饰面的预制剪力墙板不仅可作为预制叠合剪力墙的一部分参与结构受力，浇筑混凝土时还可兼作外墙模板，外墙立面也不需要二次装修，可完全省去施工外脚手架。这种结构可有效节省成本、提高效率、保证质量，且明显提高剪力墙结构住宅建设的工业化水平。单面叠合剪力墙的受力变形过程、破坏模式与普通剪力墙相同，故剪力墙结构外墙采用单面叠合剪力墙不会改变房屋主体的结构形式，在进行单面叠合剪力墙结构分析时，依然采用等同现浇剪力墙的结构计算方法进行设计。

2.1.2 装配式混凝土框架结构

根据《装配式混凝土结构技术规程》JGJ 1—2014 的定义，装配式混凝土建筑是由预制混凝土构件通过可靠的连接方式装配而成的混凝土结构。装配式混凝土建筑依据装配化程度高低，可分为装配整体式和全装配式两大类。装配整体式混凝土建筑主要构件一般采用预制构件，在现场通过现浇混凝土连接，形成装配式结构的建筑；全装配式混凝土建筑一般限制为低层或抗震设防要求较低的多层建筑。

1. 装配整体式混凝土结构

装配整体式混凝土结构是由预制混凝土构件通过钢筋、连接件或施加预应力等方式，并在现场浇筑混凝土而形成整体的结构，如图 2-3 所示。装配整体式混凝土结构的基本构件主要包括预制柱、预制梁、预制叠合楼板、预制楼梯、预制阳台、空调板、女儿墙、围护结构等。装配整体式混凝土结构结合了现浇整体式和预制装配式二者的优点，既节省模板、降低工程费用，又可以提高工程的整体性和抗震性，广泛应用于现代工程中。

图 2-3　装配整体式混凝土结构

装配整体式混凝土结构在预制柱、预制叠合梁、预制叠合板之间仍采用现浇混凝土的方式，构件间的连接一般采用湿连接，楼板采用现浇楼板或叠合楼板，钢筋接头采用Ⅰ级接头，其节点力学性能被视为等同现浇。尽管建造方式上与现浇混凝土结构有一定区别，但两者的抗震性能基本或近似等同。因此，装配整体式混凝土结构采用与现浇结构相同的分析方法，但在构造上还应符合《装配式混凝土建筑技术标准》GB/T 51231—2016 的规定，以保证结构的整体性。另外，当装配整体式混凝土结构应用于高层建筑结构中时，还需符合以下规定：

（1）当设置地下室时，宜采用现浇混凝土。

（2）装配整体式混凝土框架结构的首层柱宜采用现浇混凝土。当采用预制柱时，应采取可靠措施。

（3）结构转换层和作为上部结构嵌固部位的楼层宜采用现浇楼盖。

2. 全装配式混凝土结构

全装配式混凝土结构是指装配式混凝土结构中不满足装配整体式要求的装配式混凝土结构，它的抗侧力体系预制构件之间的连接，部分或全部通过干式节点进行连接，没有或者有较少的现浇混凝土，楼板一般采用全预制楼板。从图 2-4 中可以看出，预制梁与预制柱的连接，可采用牛腿连接、螺栓连接或暗隼连接等；预制梁间采用螺栓连接或企口连接；预制柱间采用螺栓连接或套筒灌浆连接；预制楼板间、预制楼板与主体结构间多采用连接件进行焊接连接。

干连接主要通过在预制构件中预埋连接件，现场用螺栓、焊接等方式组装，具有安装方便、施工速度快、现场作业少等特点。由于干式连接节点的转动能力和力学性能均弱于现浇混凝土梁柱节点，构件变形主要集中于连接部位。因此，全装配式混凝土结构抗震性能较弱，在实际工程中应用较少，且不建议在高层建筑结构中使用。

图 2-4　全装配式混凝土结构

2.2　装配式混凝土建筑材料

2.2.1　钢筋混凝土材料

1. 钢筋

钢筋的选用和各项力学性能指标应符合《混凝土结构设计规范》GB 50010—2010 的规定。受力钢筋宜采用屈服强度标准值为 400MPa 和 500MPa 的热轧钢筋，且必须满足设计要求。在套筒灌浆连接中，普通钢筋采用套筒灌浆连接、机械连接和浆锚搭接连接时，钢筋应采用热轧带肋钢筋，且钢筋直径不宜小于 12mm，不宜大于 40mm。

2. 混凝土

装配式结构中所采用的混凝土材料耐久性和其他力学性能指标均应符合《混凝土结构设计规范》GB 50010—2010 的规定。预制构件的混凝土强度等级不宜低于 C30；预应力混凝土预制构件的混凝土强度等级不宜低于 C40，且不应低于 C30；现浇混凝土的强度等级不应低于 C25。夏季高温，对于墙板类构件通常会加入适当的缓凝材料，且预制构件混凝土配合比不宜照搬当地商品混凝土的配合比。

2.2.2 钢筋连接材料

1. 灌浆套筒

灌浆套筒是金属材质圆筒，用于钢筋连接。两根钢筋从套筒两端插入，套筒内注满水泥基灌浆料，通过灌浆料的传力作用实现钢筋对接。灌浆套筒材质有碳素结构钢、合金结构钢和球墨铸铁。碳素结构钢套筒和合金结构钢套筒采用机械加工工艺制造；球墨铸铁套筒采用铸造工艺制造。我国目前应用的套筒既有机械加工制作的碳素结构钢套筒或合金结构钢套筒，也有铸造工艺制作的球墨铸铁套筒。

《钢筋套筒灌浆连接应用技术规程》JGJ 355—2015 中规定，钢筋套筒灌浆连接接头的抗拉强度不应小于连接钢筋抗拉强度标准值，破坏时应断于接头外钢筋，且灌浆连接端用于钢筋锚固的深度不宜小于 8 倍钢筋直径的要求。《钢筋连接用灌浆套筒》JG/T 398—2019 给出了球墨铸铁灌浆套筒和各类钢灌浆套筒的材料性能，见表 2-1。

灌浆套筒的力学性能　　表 2-1

球墨铸铁灌浆套筒		各类钢灌浆套筒	
项目	性能指标	项目	性能指标
抗拉强度(MPa)	≥550	屈服强度(MPa)	≥355
断后伸长率(%)	≥5	抗拉强度(MPa)	≥600
球化率(%)	≥85	断后伸长率(%)	≥16
硬度(HBW)	180～250		

2. 机械连接套筒

机械连接套筒用于浇筑混凝土前的钢筋连接，与焊接、搭接的作用相同。国内采用的机械套筒材质与灌浆套筒一样，与钢筋连接方式包括螺纹连接和挤压连接，最常用的是螺纹连接。对接连接的两根受力钢筋的端部都制成有螺纹的端头，将机械套筒旋在两根钢筋上。机械连接套筒在装配式混凝土结构工程中应用较为普遍。机械连接套筒的性能和应用应符合《钢筋机械连接技术规程》JGJ 107—2016 和《钢筋机械连接用套筒》JG/T 163—2013 的规定。机械套筒的材料性能见表 2-2。

机械套筒的材料性能 **表 2-2**

项目	性能指标	项目	性能指标
屈服强度(MPa)	205～350	断点伸长率(%)	≥20
抗拉强度(MPa)	335～500	硬度(HRBW)	50～80

3. 灌浆料

套筒灌浆连接中选用的灌浆料以水泥为基本材料，并配以细骨料、外加剂及其他材料混合成干混料，按照规定比例加水搅拌后，具有流动性、早强、高强及硬化后微膨胀的特点，使用温度不宜低于 5°C。灌浆料的力学性能直接影响装配式混凝土建筑的结构安全和施工质量，其性能应符合《钢筋套筒灌浆连接应用技术规程》JGJ 355—2015 和《钢筋连接用套筒灌浆料》JG/T 408—2013 的规定。灌浆料的技术性能见表 2-3。

灌浆料的技术性能 **表 2-3**

项目		性能指标	项目		性能指标
流动性(mm)	初始	≥300	竖向膨胀率(%)	3h	≥0.02
	30min	≥260		24h 与 3h	0.02～0.5
抗压强度(MPa)	1d	≥35	氯离子含量(%)		≤0.03
	3d	≥60	泌水率(%)		0
	28d	≥85			

2.2.3 其他材料

1. 灌浆导管、灌浆孔塞和灌浆堵缝材料

(1) 灌浆导管

当灌浆套筒或浆锚孔距离混凝土边缘较远时，需要在预制混凝土构件中埋置灌浆导管。灌浆导管一般采用 PVC 中型（M 形）管，壁厚 1.2mm，即电气用的套管，外径应为套筒或浆锚孔灌浆出浆口的内径，一般为 16mm。

(2) 灌浆孔塞

灌浆孔塞用于封堵灌浆套筒和浆锚孔的灌浆口与出浆孔，避免孔道被异物堵塞，如图 2-5 所示。灌浆孔塞可用橡胶塞或木塞。

图 2-5 橡胶灌浆孔塞

(3) 灌浆堵缝材料

灌浆堵缝材料用于灌浆构件的接缝，有橡胶止水条、木条和封堵速凝砂浆等，常用的是橡胶止水条，如图 2-6 所示。灌浆堵缝材料要求封堵密实、不漏浆，作业便利。封堵速凝砂浆是一种高强度水泥基砂浆，强度大于 50MPa，应具有可塑性好、成型后不塌落、凝结速度快和干缩变形小的性能。

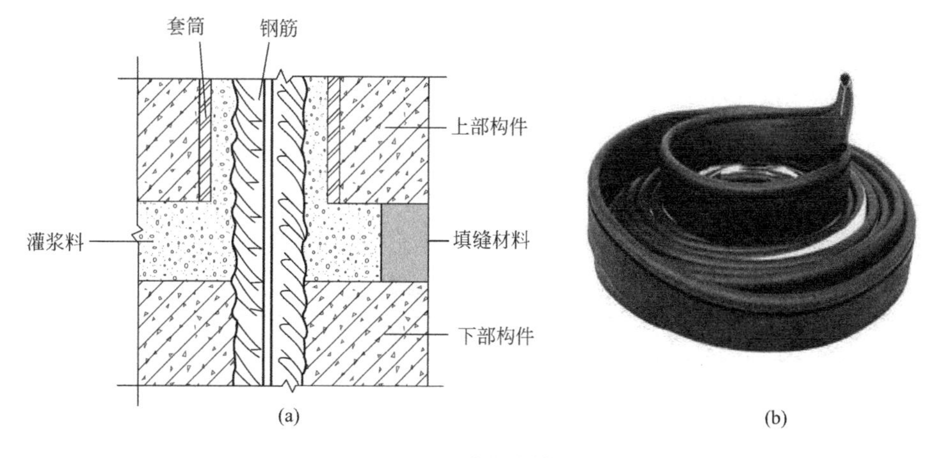

图 2-6 灌浆堵缝材料

（a）构造图；（b）橡胶止水条

2. 预埋螺栓

（1）内埋式金属螺母

内埋式金属螺母在预制构件中应用较多，如吊顶悬挂、设备管线悬挂、安装临时支撑、吊装和翻转吊点、后浇区模具固定等。内埋式螺母预埋便利，避免了后锚固螺栓可能与受力钢筋“打架”或对保护层的破坏，也不会像内埋式螺栓那样探出混凝土表面容易挂碰。内埋式螺母的材质为高强度碳素结构钢或合金结构钢，锚固类型有螺纹形、丁字形、燕尾形和穿孔插入钢筋型。

（2）内埋式塑料螺母

内埋式塑料螺母主要用于叠合楼板底面悬挂电线等重量不大的管线中。公用建筑中设备管线较多，传统的装修方式多为现场打吊钉等方式进行安装，可能会对预制构件造成损伤。因此，在预制构件工厂制作时，可预埋内埋式塑料螺栓，使管线安装方便快捷，且不会对预制构件造成损伤。

（3）内埋式螺栓

预制混凝土构件用到的螺栓包括楼梯和外挂墙板安装用的螺栓，宜选用高强度螺栓或不锈钢螺栓。高强度螺栓应符合《钢结构高强度螺栓连接技术规程》JGJ 82—2011 的要求。内埋式螺栓是预埋在混凝土中的螺栓，螺栓端部焊接锚固钢筋。焊接焊条应选用与螺栓和钢筋适配的焊条。

3. 保温材料

预制混凝土墙体的保温形式主要包括外保温、内保温和自保温。其中，夹芯外墙板多采用挤塑聚苯板或聚氨酯保温板。挤塑聚苯板主要性能指标应符合表 2-4 的要求；聚氨酯保温板除满足表 2-4 的要求外，其他性能指标还应符合《聚氨酯硬泡复合保温板》JG/T 314—2012 中的相关要求。

保温材料的性能要求 **表 2-4**

项目	单位	性能指标	项目	单位	性能指标
密度	kg/m^3	30～35	燃烧性能	级	不低于 B2 级
导热系数	W/(m·K)	≤0.03	尺寸稳定性	%	≤2.0
压缩强度	MPa	≥0.2	吸水率	%	≤1.5

4. 建筑密封胶

预制外墙板和外墙构件接缝需用建筑密封胶，如图 2-7（a）所示。建筑密封胶应具有以下要求：

（1）建筑密封胶应与混凝土具有相容性。没有相容性的密封胶粘不住，容易与混凝土脱离。

（2）密封胶应满足《混凝土接缝用建筑密封胶》JC/T 881—2017 的规定。

（3）硅酮密封胶应满足《硅酮和改性硅酮建筑密封胶》GB/T 14683—2017 的规定。

（4）聚氨酯密封胶应符合《聚氨酯建筑密封胶》JC/T 482—2003 的规定。

（5）聚硫密封胶应符合《聚硫建筑密封胶》JC/T 483—2006 的规定。

（6）应具有较好的弹性，可压缩比率大。

（7）具有较好的耐候性、环保性以及可涂装性。

（8）接缝中的背衬可采用发泡氯丁橡胶或聚乙烯塑料棒。

5. 密封橡胶条

装配式混凝土建筑中密封橡胶条主要用于板缝节点，与建筑密封胶共同构成多重防水体系。密封橡胶条是环形空心橡胶条，应具有较好的弹性、可压缩性、耐候性和耐久性，如图 2-7（b）所示。

(a)

(b)

图 2-7 密封胶和密封橡胶条

(a) 密封胶；(b) 密封橡胶条

6. 钢筋锚固板

钢筋锚固板是设置于钢筋端部用于锚固钢筋的承压板。在装配式混凝土建筑中用于后浇区节点受力钢筋的锚固。钢筋锚固板的材质有球墨铸铁、钢板、锻钢和铸铁 4 种，具体材质和力学性能应符合《钢筋锚固板应用技术规程》JGJ 256—2011 的规定。

7. 外装饰

当装配式建筑采用全装修方式建造时，还可能使用涂料和面砖等外装饰材料，其材料性能质量应符合以下要求：

(1) 石材、面砖、饰面砂浆及真石漆等外装饰材料应有产品合格证和出厂检验报告，质量应满足相关标准要求，装饰材料进厂后应按标准要求进行复检。

(2) 石材和面砖应按照预制构件设计图编号、品种、规格、颜色、尺寸等分类标识存放。

(3) 当采用石材或瓷砖饰面时，其抗拔力应满足相关标准及安全使用的要求。当采用石材饰面时，应进行防返碱处理。厚度在 25 mm 以上的石材宜采用卡件连接。瓷砖背沟深度应满足相关标准的要求。面砖采用反贴法时，使用的粘结材料应满足现行相关标准的要求。

2.3 装配式混凝土建筑构件分类

2.3.1 预制柱

预制柱的设计应符合现行国家标准《混凝土结构设计规范》GB 50010—2010的要求，并应符合下列规定：

(1) 预制柱的纵筋连接宜采用套筒灌浆连接，套筒之间净距不应小于25mm。

(2) 预制柱纵向钢筋直径不宜小于20mm，箍筋混凝土保护层厚度不应小于20mm。当灌浆套筒外保护层厚度大于50mm，宜采取有效的构造措施。

(3) 预制柱截面宽度或圆柱直径不宜小于400mm，且不宜小于同方向梁宽的1.5倍。

(4) 柱底纵向钢筋采用套筒灌浆连接时，柱箍筋加密区长度不应小于钢筋连接区域长度与500mm之和；套筒上端第一道箍筋距套筒顶部不应大于50mm。

(5) 柱加密区高度为柱端，取截面高度或直径、柱净高的1/6和500mm三者的最大值；底层柱的下端不小于柱净高的1/3；刚性地面上下各500mm；剪跨比不大于2的柱、因设置填充墙等形成的柱净高与柱截面高度之比不大于4的柱、框支柱、一级和二级框架的角柱，取全高。

同时，预制柱与后浇混凝土叠合层之间的结合面应设置粗糙面。粗糙面的面积不宜小于结合面的80%；预制柱顶部也应设置粗糙面，粗糙面凹凸深度不应小于6mm。若预制构件结合面已设置抗剪钢筋，则可适当减小粗糙面的凹凸尺寸。

2.3.2 预制叠合梁

在装配整体式混凝土框架结构中，当使用叠合梁形式时，后浇混凝土叠合层厚度不宜小于150mm，次梁的后浇混凝土叠合层厚度不宜小于120mm，如图2-8

所示。由于装配式混凝土结构里，楼板一般采用叠合板，梁、板的后浇层是一起浇筑的，当板的总厚度小于梁的后浇层厚度要求时，为增加梁的后浇层厚度，可采用凹口形截面预制梁。当采用凹口形截面预制梁时，凹口深度不宜小于 50mm，凹口边厚度不宜小于 60mm；某些情况下为了施工方便，预制梁也可采用其他截面形式。

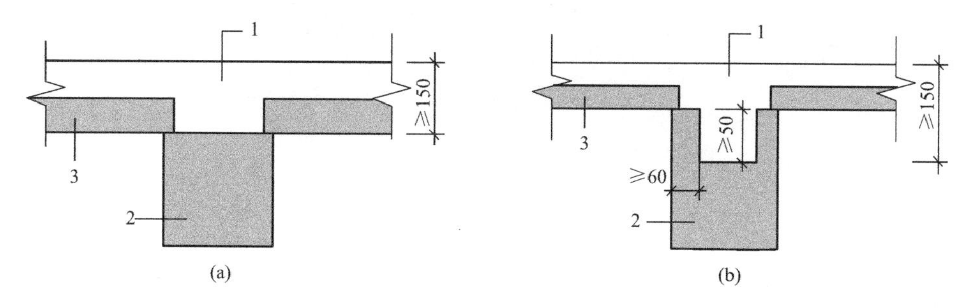

图 2-8　叠合梁截面

1—叠合层；2—预制梁；3—叠合层或现浇板

（a）预制部分为矩形；（b）预制部分为凹口形

2. 3. 3　预制叠合板

装配整体式楼板是由预制叠合板和现浇混凝土层叠合而成。预制叠合板既是楼板结构的组成部分之一，也可作为现浇混凝土叠合层的模板，且现浇叠合层内可敷设水平设备管线，如图 2-9 所示。叠合楼板整体性好、刚度大、免支模，且上下表面平整，便于饰面层装修，适用于对整体刚度要求较高的高层建筑和大开间建筑。预制叠合板跨度一般为 4～6m，最大跨度可达 9m。主要具有以下优点：

（1）预制叠合板具有良好的整体性和连续性，节约模板，且抗震性能好。

（2）在高层建筑中，叠合板与剪力墙或框架梁间的连接牢固，构造简单。

（3）预制叠合板平面尺寸灵活，便于板上开洞，能适应建筑开间、进深多变和开洞等要求，建筑功能好。

（4）预制叠合板底面平整，建筑物顶棚不必进行抹灰处理，减少室内湿作业，加速施工进度。

（5）单个构件重量轻，便于运输安装。

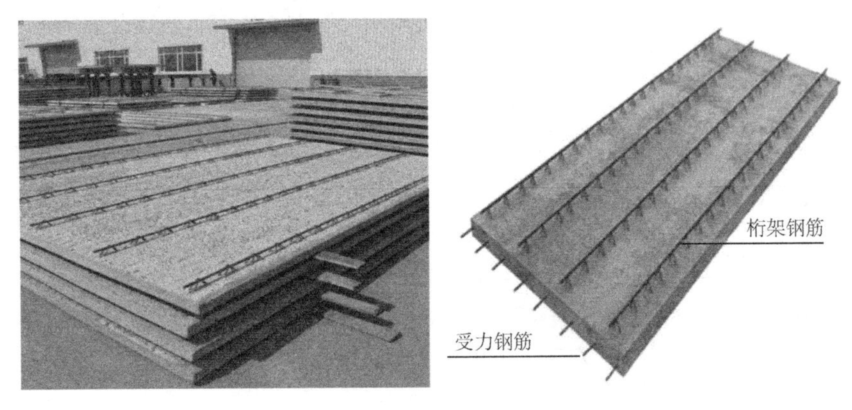

图 2-9　预制叠合板示意图

2.3.4　预制剪力墙

根据《混凝土结构设计规范》GB 50010—2010 的规定，竖向构件截面长边、短边（厚度）比值大于 4 时，宜按墙的要求进行设计。剪力墙截面厚度不大于 300mm，各肢截面高度与厚度之比的最大值大于 4 但不大于 8 时，称为短肢剪力墙。抗震设计时，高层装配式剪力墙结构不应全部采用短肢剪力墙。抗震设防烈度为 8 度时，不宜采用具有较多短肢剪力墙的剪力墙结构，且电梯井筒宜采用现浇混凝土结构。另外，由于预制剪力墙接缝对其抗侧刚度有一定的削弱作用，应考虑对弹性计算的内力进行调整，适当放大现浇墙肢在地震作用下的剪力和弯矩。

预制剪力墙构件在整体结构中受力特性与现浇墙体相同，但作为在工厂生产和现场安装的预制构件，其连接部位的构造与竖向钢筋连接要求除需满足现浇构件相关要求外，还有其装配所需的构造要求。预制剪力墙应符合下列规定：

（1）开洞预制剪力墙洞口宜居中布置，洞口两侧的墙肢宽度不应小于 200mm，洞口上方连梁高度不宜小于 250mm。

（2）预制剪力墙的连梁不宜开洞；当需开洞时，洞口宜预埋套管，洞口上、下截面的有效高度不宜小于梁高的 1/3，且不宜小于 200mm；被洞口削弱的连梁截面应进行承载力验算，洞口处应配置补强纵向钢筋和箍筋，补强纵向钢筋的直径不应小于 12mm。

（3）预制剪力墙开有边长小于 800mm 的洞口且在结构整体计算中不考虑其影响时，应沿洞口周边配置补强钢筋；补强钢筋的直径不应小于 12mm，截面面积不应小于同方向被洞口截断的钢筋面积。

（4）当采用套筒灌浆纵向连接时，自套筒底部至套筒顶部并向上延伸 300mm 范围内，预制剪力墙的水平分布筋应加密，最大间距及最小直径应符合表 2-5 的规定，套筒上端第一道水平分布钢筋距离套筒顶部不应大于 50mm。

加密区水平分布钢筋的要求　　**表 2-5**

抗震等级	最大间距(mm)	最小直径(mm)
一、二级	100	8
三、四级	150	8

（5）端部无边缘构件的预制剪力墙，宜在端部配置 2 根直径不小于 12mm 的竖向构造钢筋；沿该钢筋竖向应配置拉筋，拉筋直径不宜小于 6mm，间距不宜大于 250mm。

（6）当预制外墙采用夹芯墙板时，应满足下列要求：

① 外页墙板厚度不应小于 50mm，且外页墙板应与内页墙板可靠连接。

② 夹芯墙板的夹层厚度不宜大于 120mm。

③ 当作为承重墙时，内页墙板应按剪力墙进行设计。

2.3.5　非结构构件

1. 内隔墙

内隔墙应采用轻质墙体，常用增强水泥条板、石膏条板、轻混凝土条板、植物纤维条板、泡沫水泥条板、硅镁条板和蒸压加气混凝土板，如图 2-10 所示。内墙板应与主体结构采用合理的连接节点，并具有足够的承载力和适应主体结构变形的能力，以及采取可靠的防腐、防锈和防火措施。在非抗震地区，内墙板与主体结构宜采用刚性连接；在抗震地区，应采用柔性连接。

2. 预制楼梯

整体预制钢筋混凝土楼梯是最能体现装配式优势的构件，主要包括休息板、

图 2-10　装配式内隔墙示意图

楼梯梁、楼梯段三个部分。将构件在加工厂或施工现场进行预制，施工时将预制构件进行装配、焊接，如图 2-11 所示。在工厂预制楼梯远比现浇更方便、精致，安装后马上就可以使用，给现场施工带来很大的便利，提高了施工安全性。预制楼梯安装时，一般情况下不需要加大现场塔式起重机吨位。预制楼梯中的休息板与楼梯段均采用预制形式时，具有抗震性能好和现场安装效率高等特点，同时也有效地提高了预制率。

图 2-11　预制楼梯示意图

3. 预制阳台板

在装配式混凝土结构中，预制阳台板为悬挑板式构件，有叠合式和全预制式两种类型，如图2-12所示。根据装配式住宅建筑常用的开间尺寸，可将预制阳台板的尺寸标准化，以利于设计。另外，预制阳台板沿悬挑长度方向常用模数，叠合板式和全预制板式取1000mm、1200mm、1400mm；全预制式取1200mm、1400mm、1600mm、1800mm；沿房间长度方向常用模数取2400mm、2700mm、3000mm、3300mm、3600mm、3900mm、4200mm、4500mm。

图2-12 预制阳台板示意图

2.4 预制混凝土构件连接

2.4.1 预制剪力墙连接

1. 水平连接

剪力墙竖向接缝位置需满足标准化生产、吊装、运输和就位等原则，并尽量避免接缝对装配式结构整体性能产生不良影响。对于约束边缘构件，位于墙肢端部的通常与墙板一起预制。纵横墙交接部位一般存在接缝，纵向钢筋、封闭箍筋及拉筋主要配置在后浇段内，且水平分布筋需在后浇段内锚固。《装配式混凝土结构技术规程》JGJ 1—2014中规定，楼层内相邻预制剪力墙之间应采用整体式接缝连接，且应符合下列规定：①当接缝位于纵横墙交接处的约束边缘构件区域时，约束边缘构件的阴影区域，宜全部采用后浇混凝土，并应在后浇段内设置封闭箍筋，如图 2-13（a)、图 2-13（b）所示；②当接缝位于纵横墙交接处的构造边缘构件区域时，构造边缘构件宜全部采用后浇混凝土。

装配式剪力墙结构中，预制剪力墙构件在楼层内的连接为水平连接，其接缝采用后浇混凝土接缝的形式，如图 2-13（c）所示。另外，位于该区域内的钢筋连接相关构造需满足混凝土结构设计相关标准要求。

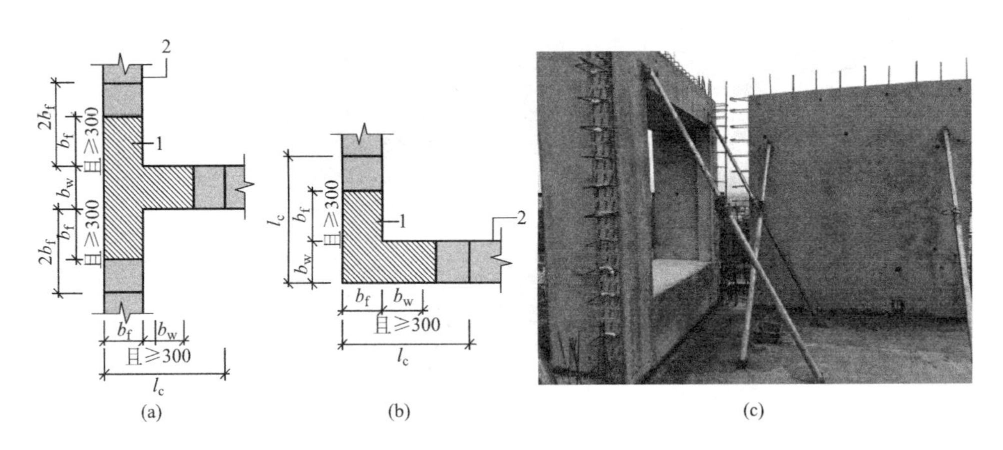

图 2-13 预制剪力墙连接及水平接缝施工图

1—后浇段；2—预制剪力墙

（a）有翼墙；（b）转角墙；（c）水平接缝施工图

2. 纵向连接

竖向预制剪力墙之间多采用灌浆套筒连接或浆锚搭接连接，以保证剪力墙结构的可靠性。然而，装配式剪力墙中纵向受力钢筋数量多、直径大，连接造价高，生产、施工难度相对较大。剪力墙的分布钢筋全部连接会导致施工烦琐且造价较高，连接接头数量太多对剪力墙的抗震性能也有不利影响。为此，可在预制剪力墙中设置部分较粗的分布钢筋并在接缝处仅连接这部分钢筋，被连接钢筋的数量应满足剪力墙的配筋率和受力要求。为了满足分布钢筋最大间距的要求，在预制剪力墙中再设置一部分较小直径的竖向分布钢筋。《装配式混凝土结构技术规程》JGJ 1—2014 中规定，剪力墙边缘构件中的纵筋应逐根连接，竖向分布钢筋可采用“梅花形”部分连接，如图 2-14 所示。

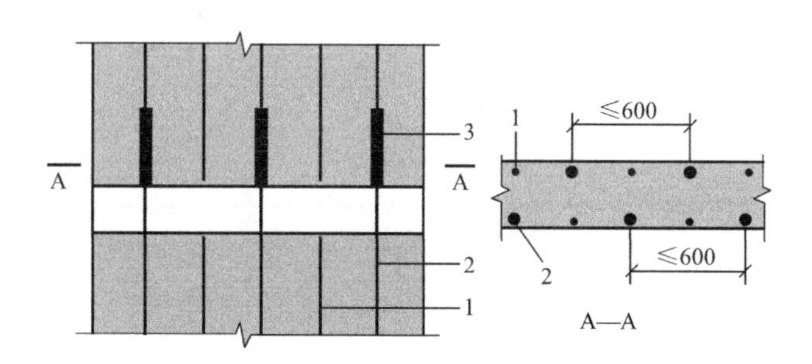

图 2-14 预制剪力墙竖向连接“梅花形”套筒灌浆连接图

1—未连接的竖向钢筋；2—连接的竖向钢筋；3—灌浆套筒

2.4.2 预制框架构件连接

1. 湿连接

装配式混凝土框架节点的湿连接是指预制柱和预制梁等构件在接合部利用钢筋连接或锚固连接的同时，通过现浇混凝土或灌浆填充连接成整体框架的连接方式。由于需要通过现浇混凝土连接，所以被称为湿连接。湿连接形式与现浇混凝土结构类似，其强度、刚度和变形行为与现浇混凝土结构相同。为使装配整体式框架结构性能与现浇混凝土框架结构等同，在装配式结构中的重要连接部位，如预制柱连接、预制梁与预制柱连接、预制剪力墙连接均使用湿连接。

如图 2-15 所示预制构件的湿连接中，图 2-15（a）为预制柱与预制柱之间的钢筋采用机械连接，在连接区设置后浇混凝土；图 2-15（b）为预制梁与预制柱的连接，在梁、柱节点区设置后浇混凝土，柱顶钢筋穿过现浇区，待叠合梁安装完毕后浇筑混凝土，将预制柱与柱顶钢筋对准并设置坐浆层后，通过套筒灌浆连接与上层预制柱进行连接；图 2-15（c）为预制梁间的连接，在预制梁间设置后浇区，预制梁底部钢筋可采用搭接连接、机械连接或套筒灌浆连接。

2. 干连接

装配式混凝土框架节点的干连接是指预制构件间通过在预制构件中预埋后，在施工现场用预应力筋、螺栓或焊接等方式按照设计要求完成组装。与湿连接相

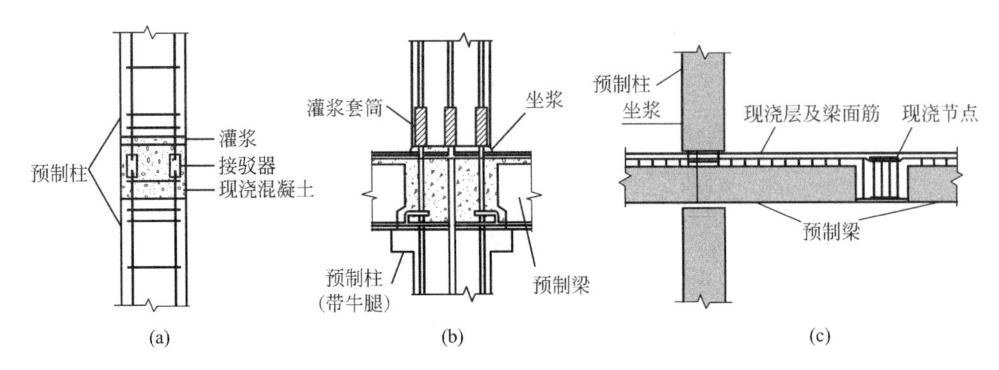

图 2-15　预制构件湿连接示意图

(a) 预制柱现浇连接；(b) 预制梁柱灌浆套筒连接；(c) 预制梁连接

比，干连接无须在施工现场使用大量现浇混凝土或灌浆，安装较为方便、快捷。与所连接的构件相比，干连接刚度较小，构件变形主要集中于连接部位，当构件变形较大时，连接部位会出现一条集中裂缝，这与现浇混凝土结构的变形行为有较大差异。另外，干连接框架在地震作用下的弹塑性变形通常发生在连接区，梁柱变形在弹性范围内，可实现震后修复和可更换。然而，干连接在国外装配式结构中应用较为广泛，但目前在我国的装配式混凝土实际工程中应用较少。

如图 2-16 所示预制构件的干连接中，图 2-16（a）中的梁柱干连接主要在预制梁柱连接处下端设置牛腿和预制角钢，上端设置栓钉和预制板连接件，且在预制梁与预制柱间采用焊接预制柱与预制柱之间采用焊接连接后，在梁柱间填充细石混凝土；图 2-16（b）中根据预制装配式框架节点耗能能力偏弱的缺点，提出了利用顶、底角钢作为耗能元件，并通过高强度螺栓对拉连接的预应力干性连接形式 PTED 节点，具有良好的自复位能力和耗能能力，且损伤主要集中在耗能角钢及梁柱结合处。

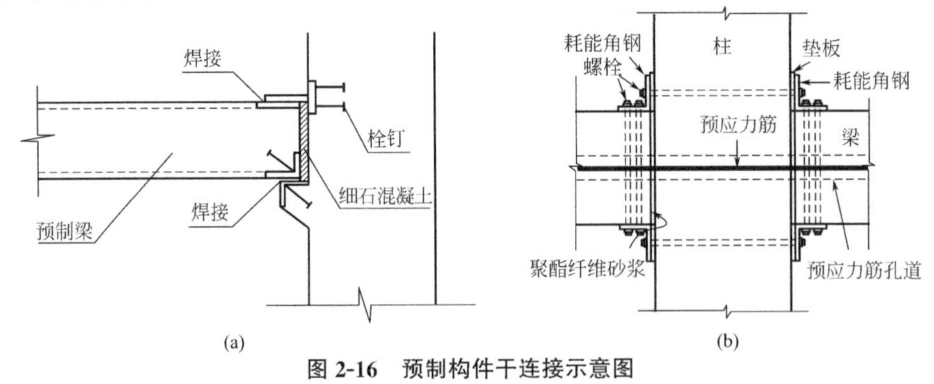

图 2-16　预制构件干连接示意图

(a) 预制梁柱连接；(b) PTED 连接

第 3 章　装配式混凝土建筑预制构件生产

3.1　预制构件深化设计

当前，设计院所出的装配式施工图设计深度往往不能满足装配式混凝土建筑预制构件生产和安装要求，各专业图纸由于不能做到定量下料、精确安装等，使得预制构件在工厂生产、运送至现场后，可能出现安装问题。对预制构件的深化设计可使上述问题提前发现并解决，以减小对装配式混凝土建筑施工的不利影响，提高施工效率，减少现场工作量。

3.1.1　组成部分

在装配式混凝土建筑发展初期，很多装配式混凝土建筑前期按现浇结构进行施工图设计，施工图完成后再进行构件拆分及设计。然而，该种做法可能无法实现预期的结构安全、建筑功能和构件标准化等，从而引起成本增加和施工难度增大等。因此，装配式混凝土建筑应该在方案阶段就进行标准化设计、构件拆分和构造节点分析，且设计全过程需考虑专业协同和施工协同，完善各阶段装配式部分设计图纸和专篇说明等。装配式混凝土建筑建设的各个阶段，一般包含以下设计内容：

（1）方案设计阶段：进行装配式方案策划与装配技术指标估算，同时进行标准化优化设计、预制构件拆分和装配式布置方案设计。综合考虑主体结构、围护系统、内装系统、设备管线、生产运输、施工安装等相关内容。

（2）初步设计阶段：在建筑图纸中完整表达预制构件布置，完善建筑平面、立面、剖面，优化预制构件拆分和布置，优化连接节点设计，研究装配式混凝土建筑方案的合规性、结构的安全性、建筑性能的可靠性、施工的可行性等。

（3）施工图设计阶段：综合建筑、结构、设备、装饰装修等专业，考虑构件生产、堆放、运输和安装等因素，进行装配式部分的施工图设计。

（4）深化设计阶段：在通过施工图审查的装配式混凝土建筑结构施工图基础上，综合考虑建筑、设备、装饰装修各专业，以及生产、运输、安装等各环节对预制构件的要求，对预制部品、部件进行预制构件加工图设计。

（5）其他内容：装配式混凝土建筑的现场施工，需制作安装图和装配图，保证施工的准确度，并在全过程中应用 BIM 技术。需制定构件工厂生产、转运运输和现场安装专项方案。

装配式混凝土建筑预制构件的深化设计应在建筑施工图基础上进行，主要包括预制构件的加工图设计、装配图设计和安装图。预制构件的加工图、装配图和安装图可由原施工图设计单位承担，也可由具备深化设计能力的其他设计单位、预制构件生产单位、施工安装单位完成，但深化设计图纸应经原施工图设计单位确认。构件生产和施工单位应编制与预制构件相关的生产、运输和安装专项方案，生产方案、运输方案和安装方案宜分别由预制构件生产单位、预制构件运输单位和施工单位在深化设计前或协调同步编制，并提供给深化设计单位。

3.1.2　加工图

预制构件加工图表达与预制构件相关的所有信息，需综合考虑各环节相关要求，主要包括：①预制构件各部件的详细构造；②建筑、设备、装饰装修等专业在预制构件上的预留或预埋信息；③构件生产、运输、安装时需预埋的配件或预留的洞口等。在绘制构件加工图时，各内容均需深入体现，以提高现场施工效率和避免损坏预制构件。另外，设备用法或者具有特殊功能用房对于预制构件的特殊要求均需在加工图中明确说明。

预制构件各部件的详细构造和尺寸是基于合理的构件拆分得到的，其拆分尺寸要考虑生产模台、运输宽度、高度限制、施工误差等因素，构件的重量需与施工安装设备的位置和吊重相协调。构件拆分尺寸影响因素包括：①生产时的模台尺寸、构件运输车辆及道路宽度限制、构件堆放、吊装设备布置；②构件平面布置、吊装顺序和连接方式；③临时加固措施、临时支撑形式、模板形式等。

加工图中的构件识别信息需与预制构件平面布置信息相对应，并通过构件编号来体现。构件编号除了可区分构件类型和排序外，还可表达构件在结构中所处的位置、构件的安装方向和安装顺序等内容。最后，从各专业和生产、运输与安装各环节统筹考虑，将需要在预制构件加工图体现的信息进行说明，避免在构件运输、吊装及装饰装修中对构件进行打、凿、钻等现场操作，保证预制构件的质量。

3.1.3　装配图和安装图

装配图和安装图应结合主体结构施工图、构件加工图、构件安装方案、模具方案等内容，在预制构件生产前完成，属于装配式混凝土建筑施工组织中的重要组成部分。其中，装配图主要表达预制构件、部品、部件之间的相互关系，以及它们与现浇构件之间相互关系的图纸，需详细标注预制构件和现浇区域的尺寸和定位，以及预制构件的连接大样等。安装图用于预制构件或部品、部件现场安装，主要表达与预制构件相关的施工方案的主要内容，如构件或部品、部件的布置、安装顺序及施工过程中的临时支撑或固定等图纸，且在总说明中主要对安装方案中的各环节关键和要点进行说明。

预制构件连接大样图主要表达预制构件之间、预制构件与现浇构件之间、与预制构件内预埋件的连接构造大样等，还需对影响预制构件现场安装的钢筋定位、钢筋伸出长度、钢筋避让、钢筋连接形式等内容进行明确标注。预制构件连接中的标准连接件有螺栓、栓钉、抗剪钢板、型钢等。当采用异形连接件时，要求绘制大样详图，详细标明连接件的材料、尺寸、焊缝位置、焊缝高度和长度、加工要求等信息。

预制构件的安装顺序可通过构件编号体现先后顺序，主要在安装图中表示。水平预制构件临时支撑通常采用工具式支撑，其布置原则可在总说明中采用图例和说明的形式表达。竖向预制构件临时支撑相对较复杂，需绘制斜撑在现浇层的预埋件定位及详图，常在构件平面布置图中表示，方便现浇区域对支撑所需预埋件进行布置。对于较复杂的支撑设计可单独绘制临时支撑布置图。构件重量常与构件编号一起表示在平面图中。

3.1.4 生产、运输和安装方案

1. 生产方案

预制构件的深化设计需考虑生产环节对预制构件的要求。预制构件生产方案是广义深化设计的一部分，它对预制构件加工图编制有一定的影响，主要包括预制构件的生产模式、厂内转运、厂内堆放方式、脱模方式、粗糙面处理方式等。生产工艺是生产方案的重要内容，采用不同生产工艺会影响构件生产效率和造价。在满足装配式建筑设计各项指标下，深化设计需要与生产工艺相互配合，在构件拆分方式、连接节点构造、钢筋碰撞等方面设计时充分考虑生产工艺的要求。

生产方案应对构件的模具形式、预埋件固定方式、预留孔洞固定方式等进行详细说明。模具形式除考虑构件外形外，还需考虑构件加工的方便性。加工预制构件时，常采用吊钉定位器固定吊钉，或形成吊钉头部的半圆形混凝土凹槽，可方便安装吊具。另外，固定套筒时常采用套筒定位胶塞与模具相连，可有效保护套筒不被堵塞和固定套筒位置。

厂内生产环节包括脱模起吊、厂内转运、厂内堆放等。由于预制构件在厂内脱模和转运时混凝土强度可能还未达到100%的材料强度，故需要进行构件强度验算。预制构件常使用翻转台拆模，并注意翻转台翻转与行车上升保持匀速同步进行。水平模台起吊时，常规做法是在翻转台翻转达到85°后起吊。另外，当前常采用的粗糙面处理方法有露骨料处理法、拉毛法和凿毛法。

2. 运输方案

预制构件的深化设计宜考虑构件的运输方案。预制构件的运输车辆尺寸、道路条件对构件的拆分影响很大，且预制构件可能需要预埋固定连接件才能与运输工具相固定。此外，预制构件的装车和卸货顺序对安装图中的安装顺序也会有较大影响，故预制构件运输方案宜在预制构件深化设计之前或协调同步编制。

预制构件的运输方案应明确运输工具、装车与卸货顺序、运输方式、安全措施和施工现场堆放方式。预制构件运输的总高度不能超过4.5m，总宽度不宜超过2.8m，超高、超宽和特殊的预制构件运输需要采取质量安全保证措施。装车顺序需与安装图中的安装顺序相匹配，并按“后安先装”的原则装车。若预制构件运输至现场不能立即吊装，需根据现场堆放条件，上层堆放构件先装车，下层堆放构件后装车。

3. 安装方案

预制构件的安装方案需在深化设计之前或协调同步编制，并在装配图和安装图中将各构件安装信息和安装需求等详细表达。预制构件安装方案主要包括预制构件安装顺序、临时支撑方案、与预制构件相关的现浇部分的模板方案、建筑外架系统和塔式起重机的安装方案等。在预制构件的安装方案中，明确安装设备的布置可缩短项目施工工期和提高项目的经济性，且安装设备的选取也会直接影响预制构件的重量和安装位置。

安装方案应编制预制构件吊装方案，主要包括：①吊装设备的选型和布置；②预制构件场内堆放或转运；③吊具的选取和承载力验算；④预制构件吊点设计；⑤预制构件吊装方式与吊装验算等。其中，吊车承吊能力需与预制构件的重量相匹配，且吊车作业半径需同时覆盖安装和堆放场地。预制构件吊装时，需根据构件形状、尺寸、重量和作业半径对吊具进行设计。吊具长度一般不超过6m，上部宜设置4个吊点，下部设置6～8个吊点。

3.2 预制构件模具

3.2.1 模具特点

预制构件模具是在装配式混凝土建筑中通过一定方式使各材料成型的一种工业产品，同时也是能成批生产出具有一定形状和尺寸要求的工业产品零部件的一种生产工具。模具是关系到预制构件生产和装配式混凝土建筑成败的关键性因素之一，主要包括生产成本、生产效率和构件质量。

1. 生产成本

装配式混凝土建筑中，预制构件生产和安装成本的比例约为 7∶3，模具成本主要体现在预制构件的生产过程中。对设计合理且能重复使用的模具，其费用约占总成本的 5%～10%。因此，模具成本对于装配式建筑成本是非常重要的，故在设计时预制构件应满足标准化、模块化的要求。

2. 生产效率

预制构件模具是影响生产效率的因素之一，进而影响预制构件的制造成本。生产效率越高，预制构件成本越低，反之亦然。例如，目前预制外墙板自动化生产线设计节拍一般为 15～20min，模具中的组模、拆模两道工序对其生产效率的影响最明显，并影响整条生产线的生产效率。

3. 构件质量

装配式混凝土建筑中的预制构件精度较传统现浇混凝土构件有极大的提升。混凝土是塑性材料，成型完全依靠模具实现，故预制构件的尺寸完全取决于模具尺寸。因此，模具好坏将直接影响预制构件的尺寸精度，尤其是模具周转次数多的预制构件。

3.2.2 模具分类

预制构件模具可按材质、构件类别、生产工艺进行分类。

1. 按材质

（1）钢模具：适用于所有构件的生产。优点：加工简单 、结构可靠、不易变形、周转次数高；缺点：质量重、成本高。

（2）铝模具：适用于平板类构件的生产。优点：重量轻、精度高；缺点：加工周期长、易损坏。

（3）木模具：适用于柱模、梁模、楼梯等平直类周转次数少的构件。优点：加工快捷、成本低；缺点：加工精度低，周转次数低、不能实现复杂造型。

（4）玻璃钢模具：适用于异形构件、边模等表面有质感的构件。优点：价格便宜、制作方便；缺点：周转次数低，质量重。

（5）磁性边模：适用于不出筋叠合楼板构件的生产。优点：灵活方便、拆模装模速度快等。

2. 按构件类别

（1）预制梁柱模具：适用于预制柱、预制梁等受力构件。

（2）预制叠合楼板模具：适用于普通叠合楼板、带肋预应力叠合楼板、空心预应力叠合楼板等构件。

（3）预制外墙模具：适用于剪力墙板、凸窗、外挂墙板、飘窗、装饰外墙板等外围护构件。

（4）预制内墙板模具：适用于内隔墙板、剪力内墙板等内部隔断构件。

（5）预制楼梯模具：适用于楼梯构件。

（6）预制阳台模具：适用于阳台构件。

（7）预制异形构件模具：适用于飘窗、沉箱等异形构件。

3. 按生产工艺

（1）平模台＋板边模具：适用于叠合楼板、内墙板、外墙板等。

（2）带底台定型模具：适用于楼梯、阳台、飘窗等。

（3）立模模具：适用于成组立模、柱模等。

（4）预应力构件模具：适用于预应力叠合楼板、预应力墙板等。

3.2.3　模具设计

1. 设计要求

（1）使用寿命

模具的使用寿命将直接影响构件的制造成本。因此，在模具设计时需要考虑给模具赋予一个合理的刚度，增大模具周转次数，以保证在某个项目中不出现模具刚度不够而导致二次追加模具或增大模具维修费用的情形。

（2）通用性

模具的通用性就是增大模具的重复利用率。预制构件模具的损失费是总制作费扣除一部分残值，残值是指变卖废铁的费用，一般为总制作费的25％～30％。因此，预制构件设计时提高模具的通用性可有效降低构件成本。

（3）方便生产

预制构件模具对生产效率的影响主要体现在组模和拆模两道工序上。模具设计必须考虑如何在保证模具精度的前提下，有效减少模具组装时间和拆模过程中在不损坏构件的前提下拆卸后再安装，以实现预制构件的方便生产。

（4）方便运输

模具设计要方便在车间内自动化生产线之间运输，保证装配式预制构件模具刚度和周转次数的基础上，通过受力计算将模具质量降到最低，以达到只需2名工人和吊车就能实现模具运输工作。

（5）设计软件

由于预制构件造型复杂，尤其是对“三明治”外墙板、灌浆套筒开口、外露筋等，使得模具的制作非常复杂。采用三维设计软件可对模具设计更加直观、精准，且将大量工作通过软件进行简化，直接对预制构件建模和进行检查纠错。

2. 设计内容

模具设计的主要内容有：

（1）确定模具使用的材料及基本模数。

（2）确定模具分缝的位置及分缝处的连接方式。

（3）确定模具与模台的连接、固定方式。

（4）确定模具拆装及组装方案。

（5）确定模具强度、刚度，对模具筋板厚度、肋板位置进行设计，保证模具具有足够的承载力、刚度和稳定性。

（6）确定出筋位置及模具预留孔位置。

（7）需要对立模进行稳定性验算。

3.2.4 模具制作

1. 模型制作趋势

（1）专业化制造

受传统现浇结构施工方式的影响，部分预制构件工厂可能采用非标准化金属材料自行加工模具，可能无法保证构件生产质量和复杂性要求，并带来安全隐患。需要专业化制造公司提供模具，以实现高精度、复杂程度高等要求的模具。

（2）高质量制作

预制构件模具的制作、组装精度是决定构件成品质量与精度的直接因素。装配式混凝土建筑对预制构件质量和模具的要求越来越高，结合三维软件进行整体设计，可直观化、精准化、高质量地制作模具。

（3）自动化加工

随着装配式混凝土建筑的迅速发展，预制构件模具的需求量明显增大，且对质量要求也日益提高。随着机械化加工方式、CAD/BIM等软件的日益成熟，模具加工方式需进一步由传统的手工制造转变为标准化、自动化加工。

2. 模具制作要求

（1）模具应具有足够的承载力、刚度和稳定性，保证预制构件生产时能承载钢筋混凝土的重量和工作荷载等。

（2）模具面板工艺均需采用激光切割下料，误差小于0.2mm。

（3）焊接需采用交错段续焊、控制焊接工艺、控制焊点大小等工艺手段，使得表面完成后符合质量要求。

（4）模具制作时应支、拆方便，且在预制构件与模具间设置隔离效果良好的隔离剂，使脱模后的混凝土表面满足后期装饰装修要求。

（5）当模具需要焊接时，均需在平台上完成，以保证表面平整度。

3.2.5 模具基本构造

预制墙模具主要包括右外页边模、右内页边模、上外页边模、上内页边模、左外页边模、左内页边模、下外页边模、下内页边模、窗模、预埋件吊杆等，如图 3-1（a）所示。模具采用 Q235 钢材，表面厚度为 6mm。下边模采用 M16 螺栓与模台进行固定，其他三边采用磁盒与模台固定，模具之间采用 M10 螺栓连接。

预制楼梯模具主要包括楼梯侧模、楼梯侧模 1、楼梯侧模 2、楼梯端模、楼梯底模、防滑条、起吊埋件固定孔、插筋孔等，如图 3-1（b）所示。楼梯底模面板、侧模面板、各加劲板均采用 6mm 厚钢板，且加劲肋间距不小于 400mm。底面平台采用 10 号槽钢进行组装，横向槽钢间距不小于 500mm。另外，需要在面板侧板与底模之间通过 M10 螺栓连接。

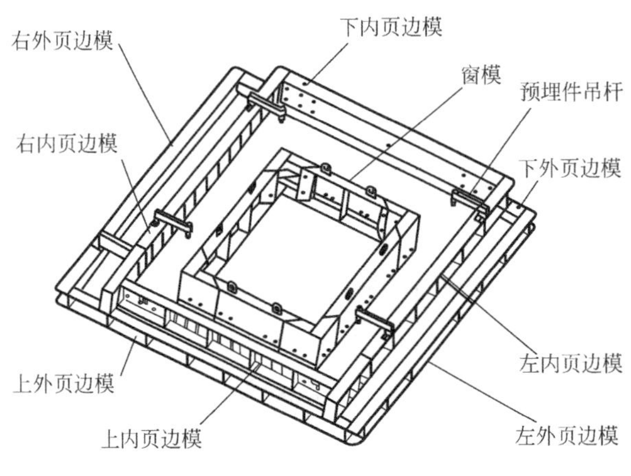

(a)

(b)

图 3-1　预制构件模具基本构造

（a）预制墙模具；（b）预制楼梯模具

3.3 预制构件生产工艺

装配式混凝土建筑预制构件的曲形产品包括预制内墙板、预制外墙板、叠合板，这三种产品可以在工厂自动化生产线上流水作业。

3.3.1 内墙板生产工艺

1. 工艺流程

内墙板生产工艺主要包括清理、喷油、画线、安装钢筋、安装埋件、浇筑振捣、搓平、预养护、抹光、构件养护、拆模等，其流程如图3-2所示。

2. 内墙板生产线设备组成

内墙板的生产只需要一次混凝土浇筑即可成型，工艺相对简单。内墙板生产工艺与设备组成如表3-1所示。

内墙板生产工艺与设备组成　　表3-1

工艺序号	工艺名称	工位数量	功能简介	备注
1	清理	1	清理模台上的残渣和灰尘	清理机
2	喷油	1	喷洒隔离剂	清理、喷油、画线共用工位
3	画线	1	在模台上标注模具和预埋件安装位置	清理、喷油、画线共用工位
4	钢筋模板安装	5	安装边模及钢筋笼	
5	预埋件安装	2	安装套筒、水电盒等埋件	
6	改善工位	5	对组模绑筋完毕后埋件安装到位的模台进行检查，不合适的整改	
7	质检工位	1	检验构件是否满足设计要求，不合格的退回重新修整	
8	浇筑振捣	2	在模具中浇筑混凝土并进行振捣	布料机、振动台
9	搓平	4	对混凝土进行搓平处理	

续表

工艺序号	工艺名称	工位数量	功能简介	备注
10	预养护	6	完成构件的初凝	预养窑
11	抹光	4	对构件表面进行抹光收面	
12	构件养护	50	对构件进行养护,达到预期强度	蒸养窑、码垛车
13	拆模	4	拆除边模及其他模具	
14	翻转	1	将构件翻转立起,吊装至指定区域	翻转机

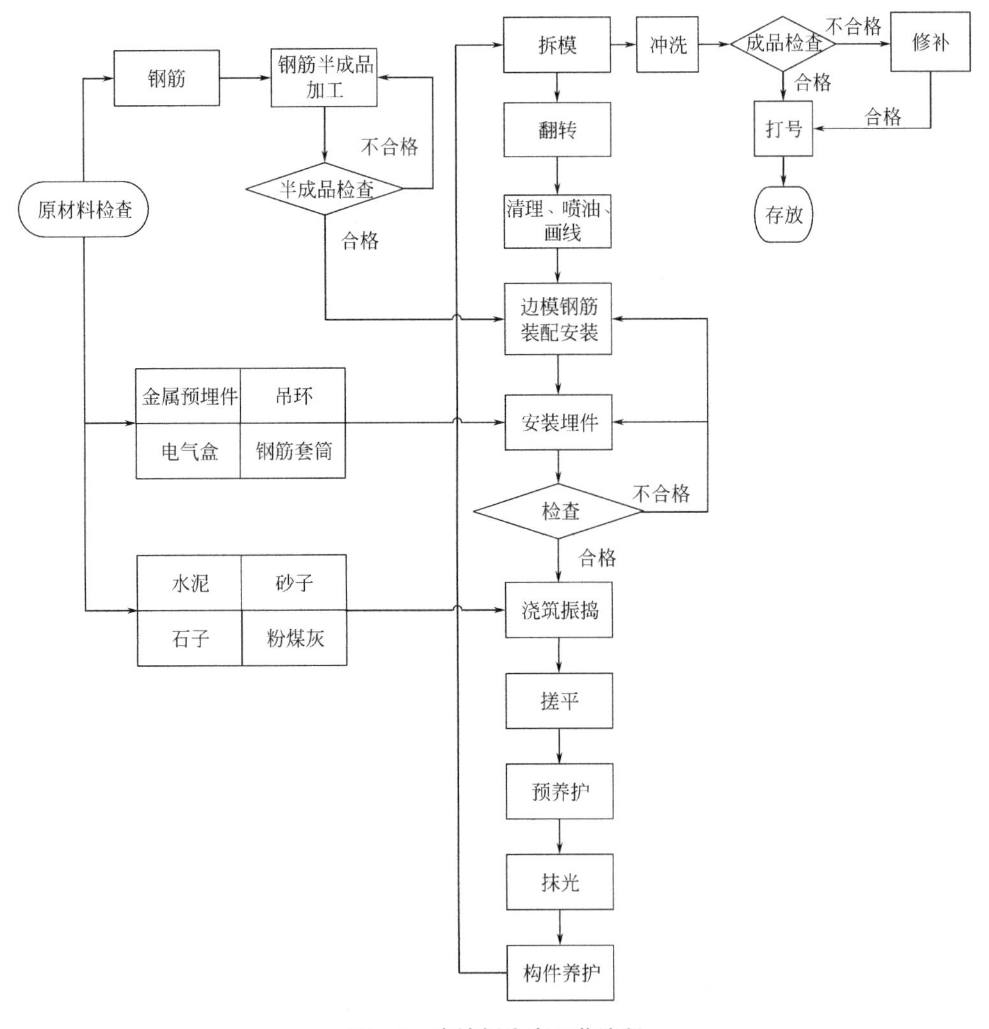

图 3-2　内墙板生产工艺流程

3.3.2 外墙板生产工艺

1. 工艺流程

外墙板生产工艺主要由清理、喷油、画线、组模绑筋、安装埋件、安装挤塑板、安装连接件、浇筑振捣、搓平、预养护、抹光、构件养护、拆模等工艺组成。外墙板的生产工艺流程如图3-3所示。

2. 内墙板生产线设备组成

外墙板的生产需要安装保温板连接件后的二次浇筑，工艺相对复杂，如果受场地限制，生产线用于生产外墙板时，可使部分工位身兼多职，但生产节奏会放缓。外墙板生产工艺与设备组成如表3-2所示。

外墙板生产工艺与设备组成　　表3-2

工艺序号	工艺名称	工位数量	功能简介	备注
1	清理	1	清理模台上的残渣和灰尘	清理机
2	喷油	1	喷洒隔离剂	清理、喷油、画线
3	画线	1	在模台上画出模具、预埋件安装位置	清理、喷油、画线
4	钢筋模板安装	5	安装边模及钢筋笼	
5	预埋件安装	2	安装套筒、水电盒等埋件	
6	改善工位	5	对组模绑筋完毕后埋件安装到位的模台进行检查，不合适的整改；或对复杂的构件进行线上钢筋绑扎	可同时进行一次布料完毕后的保温板、连接件、钢筋埋件的安装
7	质检工位	1	安装模板钢筋完毕后检验构件是否满足设计要求，不合格的退回修整	
8	一次/二次浇筑振捣	2	在模具中浇筑混凝土并振捣密实	布料机、振动台。一次及二次布料共用
9	搓平	4	对混凝土进行搓平处理	
10	预养护	6	完成构件的初凝	预养窑
11	抹光	4	对构件表面进行抹光收面	
12	构件养护	50	对构件进行养护，达到预期强度	蒸养窑、码垛车
13	拆模	4	拆除边模及其他模具	
14	翻转	1	将构件翻转立起，吊装至指定区域	翻转机

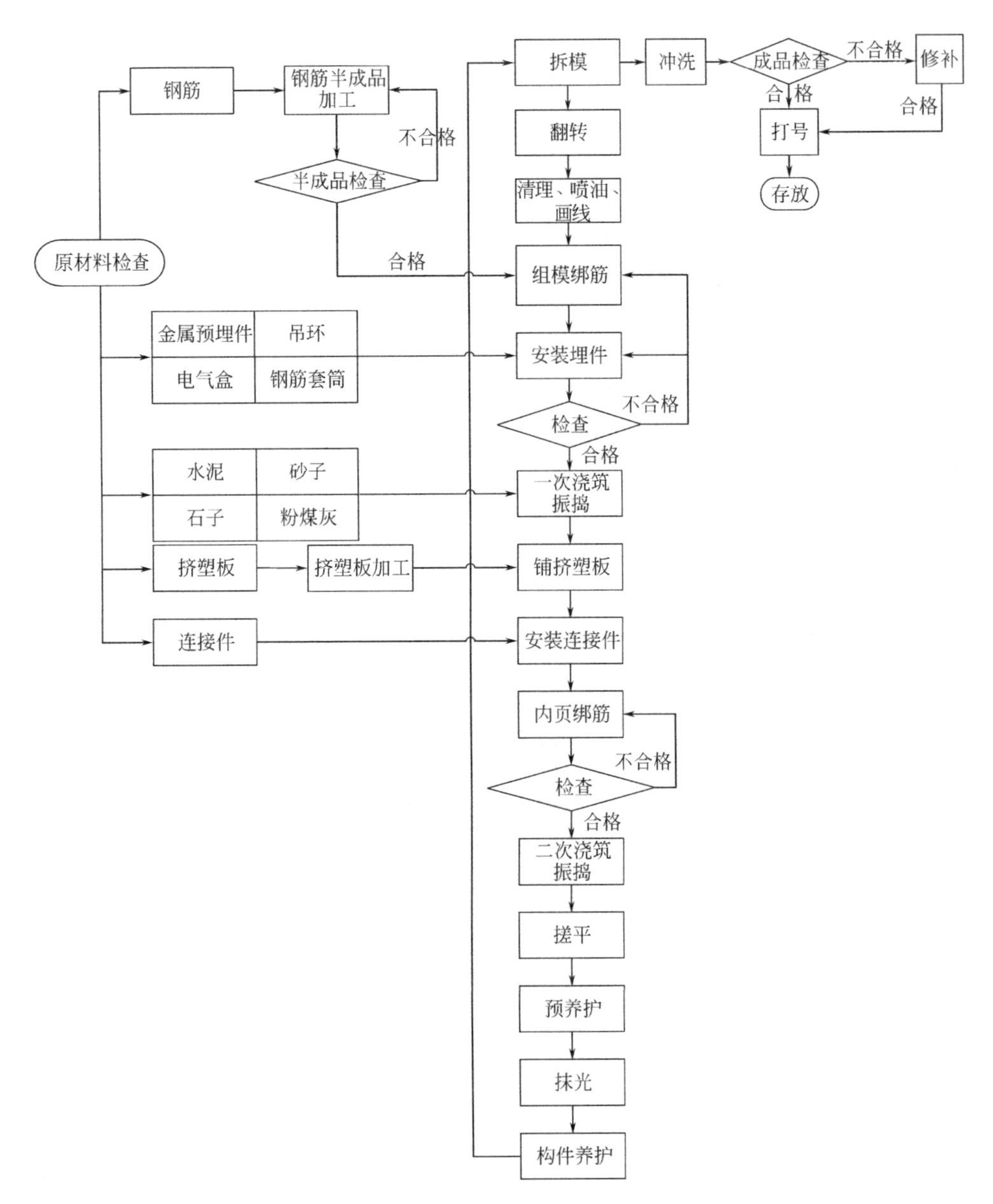

图 3-3　外墙板生产工艺流程

3.3.3 叠合板生产工艺

1. 工艺流程

叠合板生产工艺主要由清理、喷油、画线、安装钢筋、安装埋件、浇筑振捣、拉毛、静停、构件养护、拆模等工艺组成，其工艺流程如图 3-4 所示。

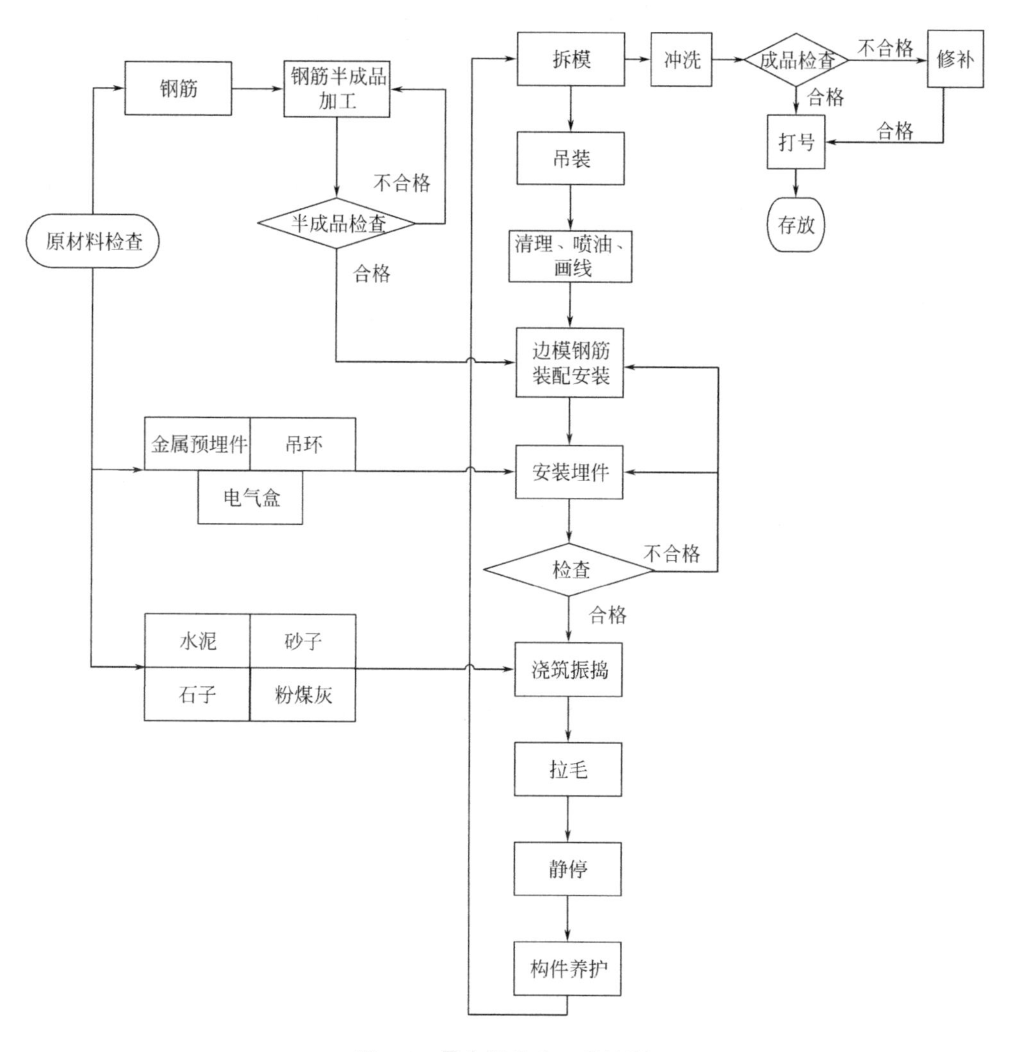

图 3-4 叠合板生产工艺流程

2. 叠合板生产线设备组成

叠合板的生产只需要一次混凝土浇筑即可成型，无须赶平抹光，仅需拉毛即可，而且由于叠合板厚度较小，无须进行专门的预养，只需静停即可达到入窑条件，工艺相对简单。叠合板生产工艺与设备组成如表 3-3 所示。

叠合板生产工艺与设备组成　　表 3-3

工艺序号	工艺名称	工位数量	功能简介	备注
1	清理	1	清理模台上的残渣和灰尘	清理机
2	喷油	1	喷洒隔离剂	清理、喷油、画线
3	画线	1	在模台上画出模具、预埋件安装位置	清理、喷油、画线
4	钢筋模板安装	5	安装边模及钢筋笼	
5	预埋件安装	2	安装套筒水电盒等埋件	
6	改善工位	5	对组模绑筋完毕后埋件安装到位的模台进行检查，不合适的整改	
7	质检工位	1	安装模板钢筋完毕后检验构件是否满足设计要求，不合格的退回修整	
8	浇筑振捣	2	在模具中浇筑混凝土并振捣密实	布料机、振动台
9	拉毛	4	对混凝土进行拉毛处理	拉毛机
10	预养/静停	10	完成构件的初凝	预养窑
11	构件养护	50	对构件进行养护，达到预期强度	蒸养窑、码垛车
12	拆模	4	拆除边模及其他模具	

3.4　预制构件生产后处理

3.4.1　后处理流程

在预制构件的生产工艺中，当构件在模具中浇筑完成后，还需依次进行擀平、模具清理、抹平、抹光、拉毛和钢台车清理工作，才能进行构件养护、存储和运输等，如图 3-5 所示。

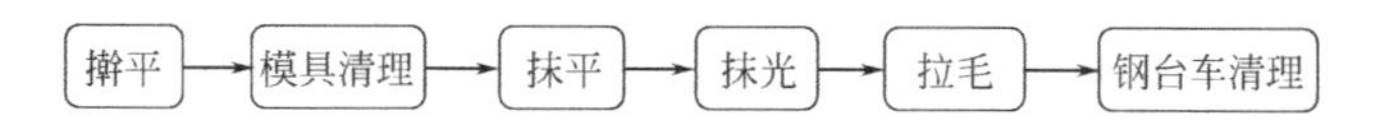

图 3-5　预制构件后处理流程

3.4.2　操作方法

预制构件后处理的操作方法具体如下（图 3-6）：

图 3-6　预制构件后处理各步骤示意图

（a）擀平；（b）模具清理；（c）抹平（d）抹光；（e）拉毛；（f）钢台车清理

1. 擀平

（1）混凝土浇捣后，可用擀平机将其擀平，并振动到表面渗出浮浆。

（2）擀平时，混凝土过多需将混凝土转移到下一个台车内浇捣。

（3）擀平时，混凝土过少需从正在布料的布料车中取料。

（4）用抹子将构件表面抹平，其平整度控制在 3mm 以内。

2. 模具清理

(1) 用铁磨子清理外框模具及门、窗洞上表面布料和擀平时散落的混凝土料。

(2) 保证产品与模具上边平齐，并保证产品尺寸。

3. 抹平

(1) 擀平后，用木抹子粗抹，粗抹主要是将没有擀平区域的混凝土擀平，并且压实后找平，粗抹混凝土表面渗出浮浆即可。

(2) 检查表面是否有石子或马凳等凸起物件，否则将其清理后置入垃圾箱内。

(3) 用抹子将构件表面抹平，其平整度控制在 3mm 以内。

4. 抹光

(1) 使用铁抹子精抹，精抹做抹光处理，要求抹平方向、手法一致，抹完后无明显抹平痕迹。

(2) 抹光 2～3 次，第 1 次将比较稀的混凝土抹光，第 2～3 次抹光为精抹光，是在初凝时将其抹光。

(3) 用抹光机将表面抹平，其平整度控制在 3mm 以内。

(4) 拔取孔洞预埋件时，要缓慢地左右旋转，防止孔洞端口混凝土坍塌。

5. 拉毛

(1) 精抹完成后，混凝土尚处于初凝状态时，对外挂板内侧面采用硬质毛刷拉细毛，其方法为平行于层高方向由上往下一次性无间断拉过，均匀、美观。

(2) 细毛无间断，一次性成型，如效果不理想，先抹平后再次拉毛。

(3) 在使用棕毛刷的过程中要控制力度，保证深度在 1mm 以内。

6. 钢台车清理

(1) 用铁铲清理台车上、布料时散落的混凝土料，再次利用台车上的混凝土，将混凝土重新导入布料机搅拌。

(2) 保持台车上的干净和整洁。

3.5　预制构件存储与运输

预制构件制作完成后，存储与运输环节极易出现损坏和变形等问题，不仅导致构件无法在现场修补，还会耽误工期，并造成一定的经济损失。因此，需要将预制构件按一定原则进行分类和编码，以便于存储和运输。

3.5.1　预制构件编码

在装配式混凝土预制构件的深化设计和施工过程中，预制构件的种类、数量都非常多，给存储、运输过程带来很大困难。因此，如何清晰、合理地对预制构件进行编号，是影响预制构件在工厂生产和现场吊装施工的重要因素。

根据《装配式混凝土结构表示方法及示例（剪力墙结构）》15G107—1 中的规定，预制外墙板、预制内墙板、叠合梁、叠合板的编号如表 3-4 所示。

预制构件的编号　　表 3-4

构件类型	代号	序号	构件类型	代号	序号
预制外墙板	YWQ	××	预制叠合梁	DL	××
预制内墙板	YNQ	××	预制叠合连梁	DLL	××
叠合楼面板	DLB	××	阳台板	YYTB	××
叠合屋面板	DWB	××	空调板	YKTB	××
叠合悬挑板	DXB	××	女儿墙	YNEQ	××
预制楼梯	YLT	××	边缘构件后浇段	YHJ	××
构造边缘后浇段	GHJ	××	非边缘构件后浇段	AHJ	××

预制构件在工厂生产完成并检验合格后，经检验合格后打上构件标识和二维码，进行成品入库，并制作构件合格证。标识内容包括构件生产厂家、项目名称、构件所在单体及楼层编号、构件编号、构件重量、方量、强度等级、预制混凝土编号等信息，便于质量跟踪。例如，预制外墙板的标识如图 3-7 所示；叠合板、楼板的产品出厂合格证如图 3-8 所示。

项目名称	注已完成-江南府(南区)项目PC预制构件购销合同	
构件编号	YWQ1a(外墙)	
尺寸	长2850.0×宽2600.0×厚200.0	
构件类型	墙板	
楼号楼层	5#/21F	
重量(T)	3.705	
方量(m^3)	1.482	
强度等级	C30	产品身份标识
PC编号	PC2021-00060947	

图 3-7　预制外墙板构件标识

混凝土预制构件产品出厂合格证

合格证编号：

<table>
<tr><td colspan="2">工程名称</td><td colspan="3"></td><td>生产单位</td><td></td></tr>
<tr><td colspan="2">使用部位</td><td colspan="3"></td><td>使用单位</td><td></td></tr>
<tr><td colspan="2">产品种类</td><td colspan="3">叠合板、楼梯</td><td>生产检验批次</td><td>第7轮</td></tr>
<tr><td colspan="2">生产日期</td><td colspan="5"></td></tr>
<tr><td rowspan="4">主要质量技术指标</td><td rowspan="2">混凝土强度</td><td>构件名称</td><td>设计强度</td><td colspan="2">检验项目</td><td>检查结果</td></tr>
<tr><td>叠合板、楼梯</td><td>C30</td><td colspan="2">起吊强度、安装强度</td><td>符合设计规范</td></tr>
<tr><td rowspan="2">尺寸规格</td><td>设计</td><td>长(±3)mm</td><td>宽(±3)mm</td><td>高(厚)(±3)mm</td><td>检查结果</td></tr>
<tr><td>实测值</td><td>1</td><td>0</td><td>-1</td><td>合格</td></tr>
<tr><td colspan="2">外观质量</td><td colspan="5">构件外观整齐平整，拉毛条纹清晰，外露钢筋尺寸均符合设计图纸要求</td></tr>
<tr><td colspan="2">产品编号</td><td colspan="5">叠合板编号：YLB-1…YLB-118，共118块
楼梯编号：YLT-01…YLT-02A，共4块</td></tr>
<tr><td colspan="2" rowspan="3">质保资料</td><td colspan="3">内容</td><td>资料份数</td><td>检查结果</td></tr>
<tr><td colspan="3">各种原材料质量证明文件及复试报告</td><td>1</td><td>符合规范要求</td></tr>
<tr><td colspan="3">混凝土预制构件检验报告</td><td>1</td><td>符合规范要求</td></tr>
<tr><td colspan="2">出厂质量评定意见</td><td colspan="2">合格</td><td>生产单位：</td><td colspan="2">（盖章）</td></tr>
<tr><td colspan="5">质检员：</td><td colspan="2">日期：　年　月　日</td></tr>
</table>

图 3-8　产品出厂合格证

3.5.2 预制构件存储

预制构件存储方案主要包括预制构件的存储方式、设计制作存储货架、计算构件存储场地大小和相应辅助物料需求。其中，根据预制构件的外形尺寸，可将存储方式分为储存架存储、平层叠放和散放等。当构件存储需要制作存储货架时，应根据预制构件的重量和外形尺寸，同时考虑运输架的通用性进行制作。预制构件的存储主要包括预制梁、预制柱、预制墙、叠合板、预制楼板和预制阳台板等，具体要求如下：

（1）如图3-9（a）、图3-9（b）所示，预制梁、预制柱应按编号水平放置在存放区域地面上。第一层预制梁、预制柱下部设置长度约3000mm的H型钢，型钢与预制梁相互垂直。型钢与预制梁、预制柱端距离均为500～800mm，型钢间距不超过4000mm。另外，预制梁叠放不超过2层，预制柱叠放不超过3层，且每层之间用100mm×100mm×500mm的方木隔开，且方木与钢梁在相同位置处。

（2）如图3-9（c）所示，预制墙板存放需采用立放专用存放架。当墙板宽度小于4000mm时，墙板下部需在距墙边300mm处各放1块100mm×100mm×250mm方木；当墙板宽度大于4000m或带门洞时，墙板下部需设置3块100mm×100mm×250mm方木，分别在距两端300mm和墙板重心处。

（3）如图3-9（d）所示，预制叠合板应按编号水平放置在存放区域地面上。第一层叠合板下部设置长度约3000mm的H型钢，型钢与桁架筋相互垂直。型钢与叠合板端距离均为500～800mm。另外，叠合板存放层数不超过6层，高度不超过1.5m。层间用4个平行于型钢放置的100mm×100mm×250mm方木隔开。

（4）如图3-9（e）所示，预制楼梯应按编号水平放置在存放区域地面上。折跑梯左右两端第二个、第三个踏步处应垫4块100mm×100mm×500mm方木，距两侧250mm。楼梯存放层数不超过6层，各层间木方水平投影应重合。

（5）如图3-9（f）所示，预制悬挑板应按编号水平放置在存放区域地面上。悬挑板下部垫2块100mm×100mm×250mm方木，距两侧250mm，存放层数不超过6层。

图 3-9　预制构件存储

(a) 预制梁；(b) 预制柱；(c) 预制墙 (d) 预制叠合板；(e) 预制楼梯；(f) 预制空调板

3.5.3　预制构件运输

预制构件运输时需根据构件特点采用不同的运输方式，包括立式运输方案和平层叠放运输方案。其中，立式运输方案中所需托架、靠放架、插放架等都要进行专门的设计，并进行强度、稳定性和刚度验算。运输过程中需注意：

（1）外墙板通常采用立式运输方案，外饰面层朝外，如图 3-10（a）所示；预制梁、预制叠合板、预制楼梯、预制阳台板等采用水平运输方案，如图 3-10（b）～图 3-10（d）所示。

（2）采用靠放架立式运输时，预制构件与地面倾斜角度需大于 80°，构件对称靠放，每侧不大于 2 层，预制构件层间上部采用木垫块隔离。

（3）采用插放架直立运输时，要采取防止构件倾倒的措施，构件之间需设置隔离垫块。

（4）水平运输时，预制梁叠放一般不超过 2 层，预制柱叠放一般不超过 3 层，预制叠合板、预制楼梯、预制阳台板等叠放不超过 6 层。

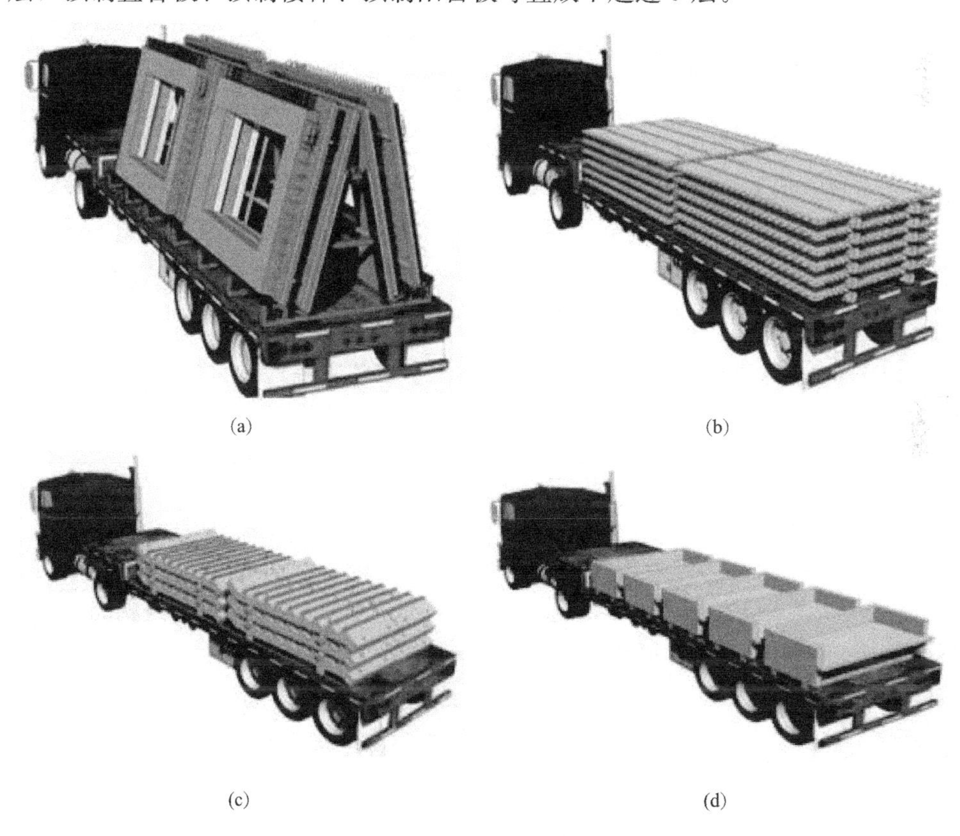

图 3-10　预制构件运输

（a）预制墙；（b）预制叠合板；（c）预制楼梯；（d）预制空调板

第4章

装配式混凝土剪力墙结构施工方法

4.1 构件拆分

我国高层装配式住宅主要采用装配式混凝土剪力墙结构，它的构件主要以一个住宅为单元，以方便预制和安装为原则，详细拆分为墙板单元、叠合楼板、梁、叠合阳台、空调板和楼梯等基本预制构件，然后对预制墙板边缘构件后浇段、楼板、屋面板上部叠合层进行现浇。其中，墙板单元包括预制内、外墙板，外墙板也分为带门窗墙板和不带门窗墙板。预制剪力墙通常采用以下三种拆分方式。

4.1.1 边缘构件现浇、非边缘构件预制

《装配式混凝土结构技术规程》JGJ 1—2014 中推荐采用边缘构件现浇、非边缘构件预制的拆分方式和连接构造，如图 4-1 所示，也是目前我国装配整体式剪力墙实际工程中采用的主流做法。边缘构件采用现浇，使得边缘构件内纵向钢筋连接可靠，装配式剪力墙结构的整体抗震性能得到保证。剪力墙的分布钢筋在地震作用下变形（应变）比边缘构件内纵向钢筋小，部分钢筋甚至可能不屈服，所提供的耗能小，因此对分布钢筋的连接要求不是那么高，不影响结构整体的抗震性能。这种设计拆分方式与我国目前国内装配式剪力墙结构使用现状相适应，从装配式剪力墙结构的整体性和抗震性能来说是有利的。

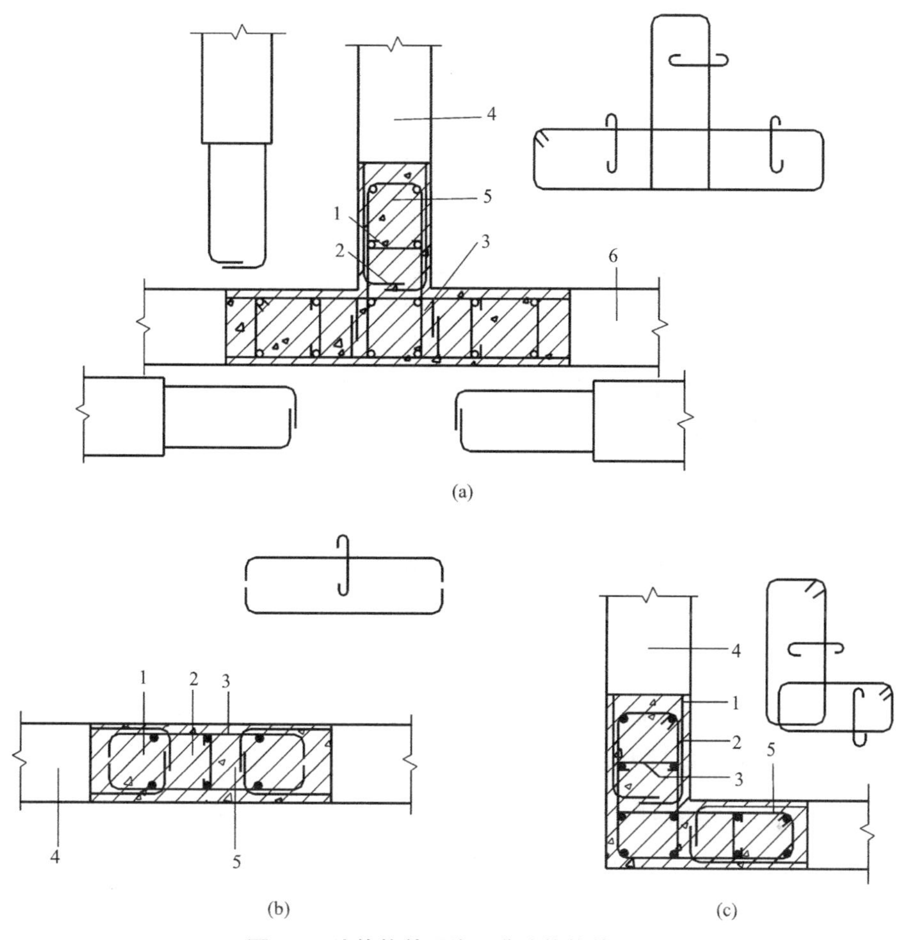

图 4-1　边缘构件现浇、非边缘构件预制

1—水平连接钢筋；2—拉筋；3—边缘构件箍筋；4—预制墙板；5—现浇部分；6—预制外墙板

(a) T 形节点构造；(b) 一字形节点构造；(c) L 形节点构造

该种拆分方式的优点是边缘构件现浇，其抗震性能可基本等同于现浇结构。墙体竖向分布钢筋采用套筒灌浆对接连接或浆锚搭接连接（图 4-2），总体连接数量减少。缺点是后浇连接段的边缘构件现浇模板复杂，水平分布钢筋与边缘构件箍筋（或者附加连接钢筋）若满足搭接长度，或按箍筋要求进行搭接，则后浇区域范围大，容易出现胀模和跑模。另外，该种拆分方式下，预制墙体的水平分布钢筋断开不连续，需要依靠水平分布钢筋与箍筋（或者附加连接钢筋）进行搭接连接，且这种搭接连接对 T 形、L 形和一字形剪力墙的影响稍有不同。

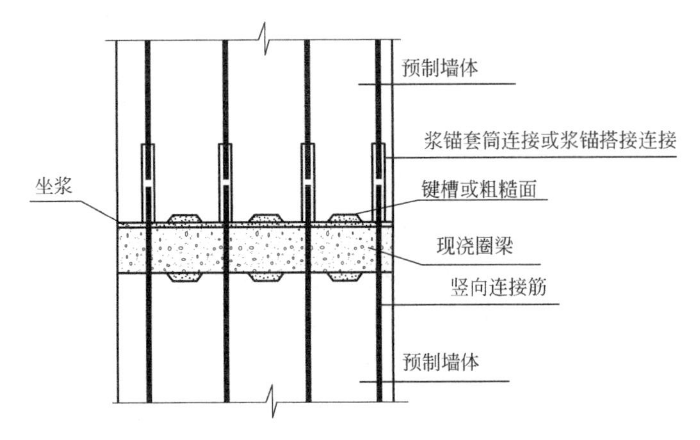

图 4-2 剪力墙预制部分竖向钢筋连接

4.1.2 边缘构件部分预制、水平钢筋连接环套环

可以采用边缘构件部分预制、水平钢筋连接环套环的拆分方式，如图 4-3 所示。该方式主要基于复合箍筋嵌套理论。现浇长度一般不小于 300mm，宽度不小于 200mm。水平分布钢筋与边缘构件箍筋仅通过一个环相套，内插纵向钢筋，水平箍筋搭接长度不够，只有通过两环嵌套内插四根钢筋才符合箍筋嵌套的要求。这种拆分方式的优点是现浇部分少，缺点是现浇区狭小，箍筋嵌套很难操作，搭接长度不足。

4.1.3 外墙全预制、现浇部分设置在内墙

外墙全预制、内墙可选择部分预制或全部现浇的构造，是剪力墙上预留搁置预制梁台肩。当连梁纵向钢筋为 Φ16，台肩长度不小于 400mm，同时要求 T 形剪力墙翼缘尺寸不小于 400mm；当连梁纵向钢筋为 Φ18、Φ20，则台肩长度不小于 500mm，T 形剪力墙翼缘尺寸不小于 500mm。

剪力墙上预留台肩范围内的箍筋做成开口，待连梁安装完成后，可通过 U 形钢筋搭接或焊接，形成封闭箍筋，如图 4-4 所示。外剪力墙上伸出箍筋和水平分布钢筋与内剪力墙伸出的水平分布钢筋搭接连接，搭接长度为 $1.6L_{aE}$。这种拆分方式的优点是外墙几乎全预制，预制构件全部为一字形，构件制作简单，现浇

部分模板基本为一字形。缺点是若窗下墙预制，施工较为复杂。因此，在施工水平不高的前提下可选择窗下砌筑。

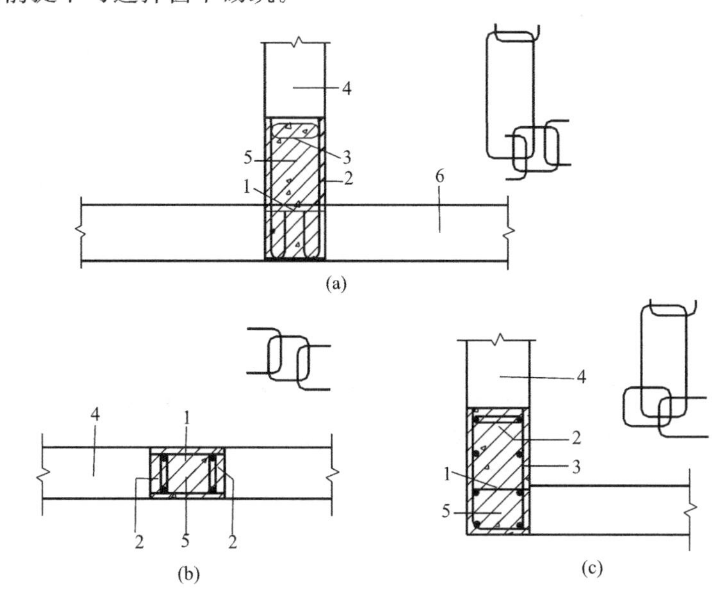

图 4-3　边缘构件部分预制、水平钢筋连接环套环

1—水平连接钢筋；2—拉筋；3—边缘构件箍筋；4—预制墙板；5—现浇部分；6—预制外墙板

（a）T 形节点构造；（b）一字形节点构造；（c）L 形节点构造

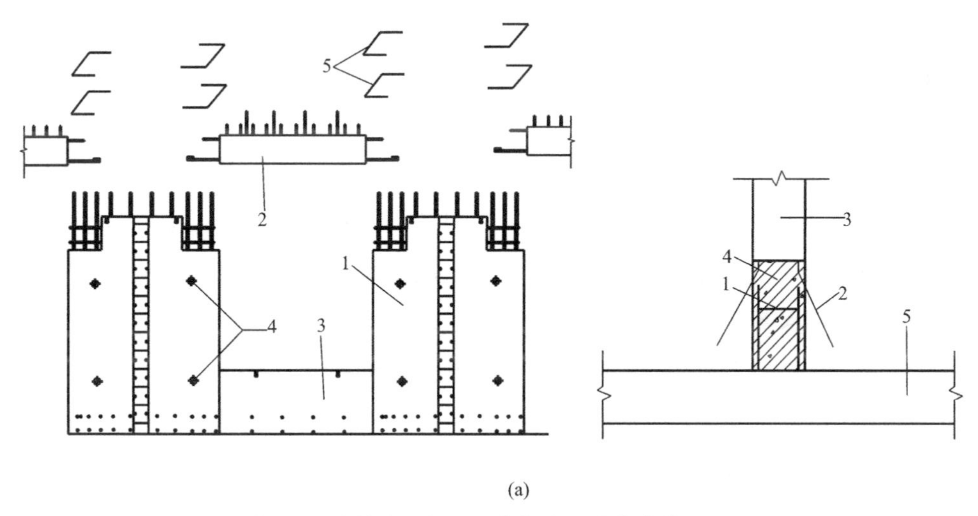

图 4-4　外墙全预制、现浇部分设置在内墙（一）

1—边缘构件箍筋；2—水平连接钢筋；3—预制墙板；4—现浇部分；5—预制外墙板

（a）T 形节点构造

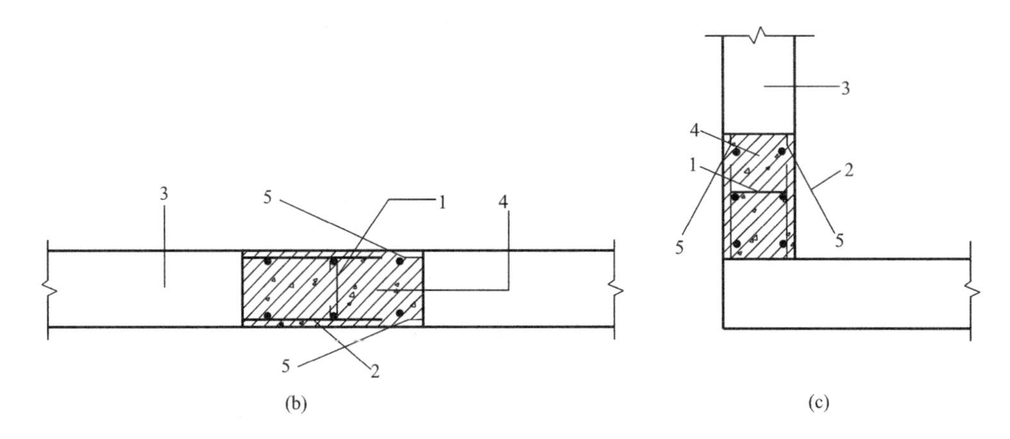

图 4-4　外墙全预制、现浇部分设置在内墙（二）

1—拉筋；2—水平连接钢筋；3—预制墙板；4—现浇部分；5—现浇与预制部分连接处

（b）一字形节点构造；（c）L 形节点构造

4.2　构件吊装

4.2.1　塔式起重机的选用

在高层预制装配式剪力墙结构中，预制构件类型较多、体量较大、结构受力复杂、高空作业也多，合理的吊装方式对于构件本身和工程进度起着至关重要的作用。因而对于此类结构的安装工程，起重机械的选择至关重要。在装配式剪力墙结构安装时，根据预制混凝土构件的重量、吊装距离、吊装高度以及施工的场地条件，起重机械的选择十分重要，直接影响工程项目的经济性和施工安全性。

1. 塔式起重机标识以及使用现状

目前国内装配式施工现场的塔式起重机多选用上回转自升式塔机，并要求具备较大的适应预制构件安装的起重能力。在构件预制阶段，结合施工现场规划选用的塔式起重机，应限定预制构件的重量，一般墙板预制构件的重量控制在 4t 以内，常规的塔式起重机参数见表 4-1。新型塔式起重机研制进展较快，在起升载荷、起重臂长、装拆速度、安全监控等方面都有进一步的提高。

常用塔式起重机主要技术性能表　　表 4-1

型号产地	QTZ80	QTZ125	QTZ160
额定起重力矩(kN·m)	800	1250	1600
最大工作幅度(m)	2.5～55	2.5～65	2.4～65
最大幅度起重量(t)	1.3	1.2	1.6
最大起重量(t)	6	10	10
附着式最大起升高度(m)	100	181	161～200
独立起升高度(m)	45	50	46.2
结构自重(t)	45	60.8	69
平衡重/压重(t)	14.6	20	18.15(65m)
装机总容量(kW)	47.5	43.5	62
标准节尺寸(m)	1.833×1.833×2.5	1.835×1.835×2.5	1.835×1.835×2.8

2. 塔式起重机选型及布置

与全现浇高层建筑混凝土结构施工相比，装配式结构施工前更应注意对塔式起重机型号、位置、回转半径等技术参数的策划，根据工程所在位置与周边道路、卸车区、存放区位置关系，再结合构件拆分图和结构图计算构件数量、重量及各构件吊装部位和工期要求，合理排布吊装机械的位置、数量和型号。吊机尽量布置在靠近最重的构件处，以有效覆盖最大吊装面积为宜。

(1) 塔式起重机选型

塔式起重机选择根据工程特点，即建筑层数、总高度、平面形状、平面尺寸、构件重量、构件形体大小以及现场条件、技术力量确定。塔式起重机选用的原则如下：

① 满足最高层构件的吊装（起升高度或可爬升、附着高度）。

② 满足最远最重构件的吊装（起重力矩）。

③ 起重臂的回转半径能尽量覆盖整个建筑物（最大幅度）。

④ 塔式起重机附着锚固点不能设置在装配式预制外墙上，只能设置在墙体后浇混凝土连接段或直接伸入墙内固定在楼面结构上，如图 4-5 所示。

⑤ 塔式起重机在选型时必须满足覆盖面的要求，但是遇到裙房面积比较大的建筑物，可选择汽车式起重机、另外安装小型塔式起重机或是采取其他辅助措施进行施工，尽量避免为实现全面覆盖而选用大型塔式起重机，在施工过程中造成浪费，增加不必要的支出。如果施工时有群塔作业，尽量保证塔式起重机的标准节长度相同，方便管理及使用。

图 4-5　塔式起重机附着臂伸入墙内固定于楼面结构

（2）塔式起重机布置

遵循塔式起重机选型时规划的大致位置，进行塔式起重机的具体布置：

① 在进行平面布置时尽可能覆盖整个施工面，不产生或者少产生盲点；相邻的塔式起重机设计出足够的安全距离，使塔机在回转时少重叠或不重叠覆盖面。

② 塔机在垂直方向上能够穿越现场施工构件，以保证不同几何尺寸的物件有足够的空隙距离提升到需要的作业平台。

③ 考虑塔式起重机高度、吊索具高度、吊物高度和安全限位高度，保证有足够的垂直距离使各种不同几何尺寸的物件进行水平运输。

④ 塔机之间的距离应错开，保证吊钩在最大高度回转时不相互碰撞。

⑤ 尽量避开施工范围内的所有设施，如高压线、相邻建筑等需进行隔离防护。

⑥ 居中的塔式起重机应尽可能保持在高位，使其技术性能得到更好的发挥。

3. 塔式起重机使用要点

（1）塔式起重机工作时必须严格按照额定起升载荷起吊，不得超载，也不准吊运人员、斜拉重物以及拔出地下埋设物。

（2）驾驶员必须得到指挥信号后，方能进行操作。操作前驾驶员必须按电铃、发信号。吊物上升时，吊钩距起重臂端不得小于1m；工作休息和下班时，不得将重物悬挂在空中。

（3）所有控制器工作完毕后，必须扳到停止点（零点），关闭电源总开关。

（4）遇6级以上大风及雷雨天，禁止操作。

4.2.2　吊索具的选用

1. 吊索具的选择

为了确保预制构件在吊装时吊装钢丝绳竖直，避免产生水平分力从而导致构件旋转问题，现场一般采用吊装梁或吊装架，如图4-6所示。预制装配式剪力墙结构吊装作业量较大，在开始吊装作业前，可以根据各种构件吊装时不同的起吊点位置，设置模数化吊点，从而加工模数化通用吊装梁（或结合吊装架），以加快安装速度，提高作业效率。由于构件吊点的埋设难免出现误差，容易导致构件在起吊后出现一边高一边低的情况。为此，可在较短绳的一端或两端使用手动葫芦，随时可以调整构件的平衡。

2. 吊索具的使用

（1）应合理设定预制构件吊点位置，吊索具的分支应按设计分布对称均匀，合力必须经过构件的重心，保证构件的水平和稳定。

（2）吸取好的吊装经验，在开始吊装前计划好起吊轻便的操作方案。起吊前要有试吊过程，确认稳妥后再继续下一步作业。

(a)

(b)

图 4-6　吊装预制构件的专用吊索具

(a) 吊装架；(b) 吊装梁

(3) 在吊装时，必须确保负载受到约束，防止意外翻转或与其他物体碰撞。避免拖、拉或振荡负载，否则将增加索具的受力。

(4) 吊索具要加强保护，远离尖锐边缘、摩擦和磨损。假如索具在承受负载或负载压在索具上时，不能在地面或粗糙的物体表面拖拉吊索具。

(5) 确保人员安全。在吊装过程中需密切注意，确保人员安全，必须警告处在危险状态下的人员，假如有需要，立即从危险地带撤出。手或身体的其他部位必须远离吊索具，防止在吊索具松弛时受到伤害。

4.3　构件安装

装配式剪力墙结构一般施工流程为：预制构件进场检查→现场堆放→吊装准备→剪力墙吊装就位→钢筋连接套筒灌浆→梁、预制板、预制阳台、楼梯吊装→现浇部分钢筋绑扎、模板支设→墙体后浇段和楼板叠合面混凝土浇筑。为提高施工效率，套筒灌浆、预制梁和预制板构件吊装、现浇部分钢筋绑扎、模板等工作可以同时或者穿插施工。如在剪力墙构件套筒灌浆的同时，可以进行预制梁板构件的吊装准备工作，搭设预制梁板临时支撑，绑扎现浇部分钢筋。装配式剪力墙结构的主要受力构件几乎依靠安装组成整体，构件安装的质量决定了结构的质量。

4.3.1　预制墙体

1. 施工工艺

预制装配式剪力墙结构竖向构件主要是预制墙板，墙体作为传递竖向荷载的主要构件，施工质量好坏直接决定结构的传力机制和抗震性能。

主要介绍预制剪力墙板的安装流程：预制墙板进场检查、堆放→按施工图放线→安装调节预埋件和墙板安装位置坐浆→预制墙板起吊、调平→预留钢筋对位→预制墙板就位安放→斜支撑安装→墙板垂直度微调控位→摘钩→浆锚钢筋连接节点灌浆。

2. 施工方法

(1) 预制墙板运入现场后，对其进行检验。要求首批入场构件全数检查，后续每批进场数量不超过 100 件，每批应随机抽查构件数量的 5%。对于预制剪力墙构件，首先，主要检查墙板构件的高、宽、厚、对角线差值等尺寸，同时还要注意检验墙板构件的侧向弯曲、表面平整度偏差以及抗压强度是否满足项目要求。其次，要对预埋件的数量、中心线位置、钢筋长度、与混凝土表面高差、是否堵塞等进行检验，要求与出厂检查记录对比验证并且符合标准和设计要求。最后，重点检查剪力墙底部钢筋连接套筒或预留孔的灌浆孔与出浆孔，要求全数检查以保证孔道全部畅通无阻。检验完毕后将结果记录在案，签字后方可进行吊装。

(2) 根据施工图，运用经纬仪、钢尺、卷尺等测量工具在施工平面上弹出轴线以及预制剪力墙构件的外边线，轴线误差不得超过 5mm。同时在预制剪力墙构件中弹出建筑标高 1000mm 控制线以及预制构件的中线。要尽量保证弹出的墨线清晰且不会过粗，以保证预制墙板的安装精度。同时由于预制剪力墙构件的竖向连接基本上通过套筒灌浆连接，套筒内壁与钢筋距离 6mm 左右，为保证被连接钢筋位置准确，便于准确对位安装，在浇筑前一层时可以用专用的钢筋定位架来控制其位置准确性，如图 4-7 所示。

(3) 起吊前，应选择合适的吊具、钩索，并提前安装支撑系统所需的工具埋

图 4-7　钢筋定位架

件，检查确保吊装设备、预埋件、吊环及吊具质量没有问题。预制墙板下部 20mm 的灌浆缝可以使用预埋螺栓或者垫片来实现，但误差不得超过 2mm。剪力墙长度小于 2m 时，可以在墙端部 200～800mm 处设置两个螺栓或者垫片；如果剪力墙长度大于 2m，可适当增加预埋螺栓或者垫片的数量，如图 4-8（a）所示。

（4）开始吊装时，下方配备 3 人。1 人为信号工，负责与塔式起重机驾驶员联系，另外 2 人负责确保构件不发生磕碰。设计吊装方案时要确保吊索与墙体水平方向夹角大于 45°，现场常采用钢扁担起吊，如图 4-8（b）所示。起吊时要遵循“三三三制”，即先将预制剪力墙吊起离地面 300mm 的位置后停稳 30s，工作人员确认构件是否水平、吊具连接是否牢固、钢丝绳是否交错、构件有无破损。确认无误后所有人员远离构件 3m 以上，通知塔式起重机驾驶员可以起吊。如果发现构件倾斜等情况，要停止吊装，放回原来位置，重新调整以确保构件能够水平起吊。

（5）预制剪力墙构件的套筒内壁与钢筋距离 6mm 左右。构件吊到设计位置附近后，要求将构件缓慢下放，在距离作业层上方 500mm 左右的位置停止。安装人员用手扶住预制剪力墙板，将构件水平移动到构件安装位置后缓慢下放，确保构件不发生碰撞，如图 4-8（c）所示。下降到下层构件预留钢筋附近停止，用反光镜确认钢筋是否在套筒正下方，微调后指挥塔式起重机继续下放，如图 4-8（d）所示。下降到距离工作面约 50mm 后停止，尽量将构件控制在边线上，然后下放至垫片或预埋螺母处，否则回升到 50mm 处继续调整，直至构件基本到达正确位置为止。

图 4-8　预制墙板吊装就位基本作业过程

(a) 墙板底部标高调节垫片；(b) 预制墙板吊装；
(c) 预制墙板就位；(d) 连接钢筋插入钢套筒

(6) 预制剪力墙板就位后，塔式起重机卸力之前，就需要采用可调节斜支撑螺杆将墙板进行固定。螺杆与钢板相互连接，再使用螺栓和连接垫板与预埋件连接固定在预制构件上，确保牢固，即可实现斜支撑的功能。每一个剪力墙构件至少用 2 根斜支撑进行固定。现场工地常使用两长两短 4 根斜支撑或者两根双肢可调螺杆支撑外墙板，内墙板常使用 2 根长螺杆支撑，如图 4-9 所示。斜支撑一般安装在竖向构件的同一侧面。

另外，斜撑安装前，首先清除楼面和剪力墙板表面预埋件附近包裹的塑料薄膜及迸溅的水泥浆等，露出预埋连接钢筋环或连接螺栓丝扣，检查是否松动，如出现松动，必须进行处理或更换。然后将连接螺栓拧到预埋的内螺纹套筒中，留

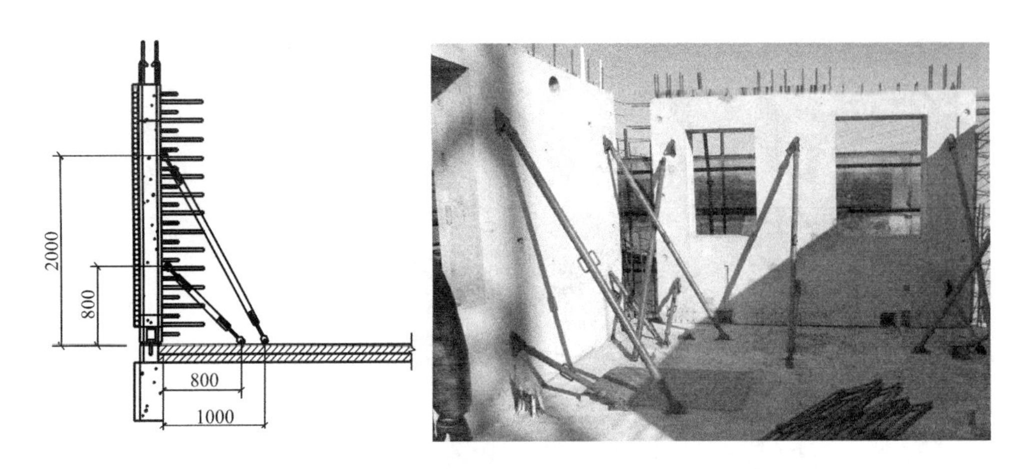

图 4-9 调节斜支撑校正垂直度

出斜撑构件连接铁板厚度。接着将撑杆上的上下垫板沿缺口方向分别套在构件及地面上的螺栓上。安装时应先将一个方向的垫板套在螺杆上，再通过调节撑杆长度，将另一个方向的垫板套在螺杆上。最后将构件上的螺栓及地面预埋螺栓的螺母收紧。此处调节撑杆长度时要注意构件垂直度需满足设计要求。

(7) 构件基本就位后，需要进行测量确认，测量指标主要有高度、位置和倾斜。高度有问题需要重新起吊，高度确认后位置和倾斜可以不用重新起吊。

高度调整可以通过构件上弹出的 1000mm 线以及水准仪来测量，每个构件都要在左右各测一个点，误差控制在±3mm 以内。如果超过标准，可能存在以下问题：①垫片抄平时出现问题或者后来被移动过；②水准仪操作有误或者水准仪本身有问题；③某根钢筋过长导致构件不能完全下落；④构件区域内存在杂物或者混凝土面上有个别突出点，使得构件不能完全下落。重新起吊构件后可以从上述因素中检查，然后重新测量，直至误差满足要求。

左右位置调整有整体偏差和旋转偏差之分。如果是整体偏差，让塔式起重机加 80%构件重量，用人工手推或者撬棍的方式整体移位。如果是旋转偏差，可通过伸缩斜支撑螺杆进行调整。前后位置如不能满足要求，在调整完左右位置后，塔式起重机加 80%构件质量，斜支撑收缩往内、斜支撑伸长往外的方式调整构件的前后位置。

通常情况下，垂直度与高度调整完毕后不会出现倾斜的情况，如果出现，可能是构件自身存在质量问题，最好能再次检查构件本身。否则就要注意垫片是否出现移动、损坏等偶然状况。在完成上述微调后，剪力墙板即可临时固定，然后方可松开构件吊钩，进行下一块构件的吊装。

4.3.2 灌浆方法

1. 灌浆流程

剪力墙板之间的连接采用浆锚套筒灌浆连接，是确保竖向受力构件连接可靠的重要因素。其主要施工流程为：灌浆孔检查→预制墙板底部接缝四周封堵→高强灌浆料灌浆。灌浆前，应检查露出混凝土楼面被连接钢筋的长度和位置是否满足标准要求，还要注意检查灌浆孔，使用细钢丝从上部灌浆孔伸入套筒。如从底部可伸出，且能从下部灌浆孔看见细钢丝，即可确保灌浆孔畅通且没有异物。

定位后，将预制剪力墙板接缝的四周利用橡胶管临时填充墙板底部间隙，并用坐浆料封堵固定模板进行封堵，形成密闭程度合格的灌浆连接腔。预制剪力墙板的灌浆作业应采取压浆法，从靠中间的钢套筒下方的注浆口向套筒内压力灌浆，待上方出浆口连续均匀流出浆料后，按照浆料排出先后顺序依次采用橡胶塞对出浆孔及时封堵，且封堵时灌浆泵要一直保持压力 30s 后再封堵下口。当所有排浆孔出浆并封堵牢固后，可停止灌浆，如图 4-10 所示。在浆料初凝前要检查灌浆接头，如发现漏浆处要及时处理。在灌浆过程中，仍然需注意固定剪力墙板的位置，避免构件因任何外界因素产生错动而导致返工。

2. 施工要点

（1）灌浆全过程中都要有监理工程师检查施工质量并记录。

（2）需保证高强灌浆料的水胶比、流动性、强度等性能，保证每组浆料质量能够满足生产要求。

（3）灌浆料初凝前必须用完。

（4）构件和灌浆层在灌浆完 24h 内不能有任何振动或碰撞。

（5）工程施工如遇气温较低的冬季，灌浆环境温度最好维持在 5℃以上。

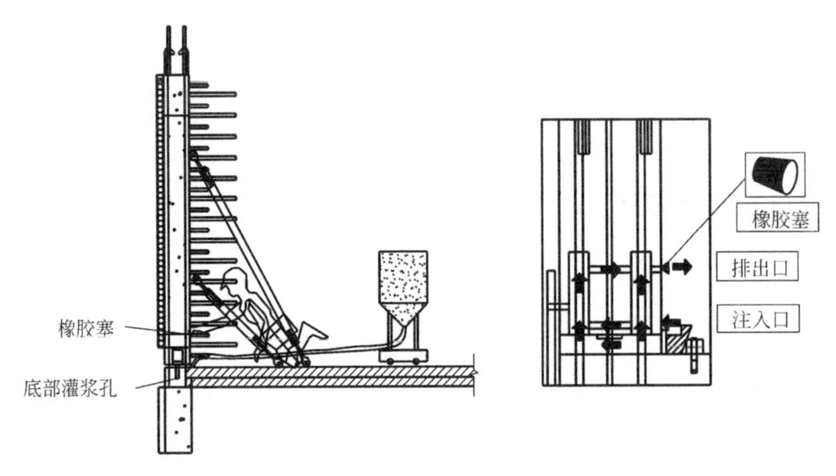

图 4-10 预制剪力墙套筒灌浆作业

在浆料为时 2d 的凝结硬化过程中要加热钢筋套筒连接处，保证温度不低于 10℃。

3. 常见问题

（1）剪力墙侧面粗糙面不合格或未进行粗糙面处理。

（2）后浇结合面未清理浮浆或清洁，影响后浇混凝土与预制构件的粘结。

（3）采用胶条封堵，削弱结合面抗剪能力。

（4）安装预制剪力墙前，应放入第一道箍筋。

（5）第二道封闭箍筋难以放入。

（6）竖向钢筋应位于 U 形筋的拐角内，水平钢筋的锚固缺乏竖向钢筋的销栓锚固作用，易导致水平钢筋搭接长度不足。

（7）水平钢筋未调平。

（8）竖向钢筋没有保护而被沾污，上面有水泥浆等杂质，容易造成钢筋与混凝土粘结性能下降。

（9）钢筋对不上时随意剪断钢筋，造成极大的安全隐患。

（10）由于制造精度或设计等方面的问题，导致钢筋与钢筋或者钢筋与构件之间发生碰撞。

4.3.3　预制梁板

1. 施工工艺

预制梁板施工流程为：预制梁板进场检查、堆放→按图放线→设置梁底和板底临时支撑→起吊→就位安放→微调控位→摘钩。

2. 施工方法

（1）预制梁板运入现场后，要求对构件进行进场检查，主要检查构件的数量、规格、尺寸、表面质量、抗压强度，同时要注意预埋件以及预留钢筋的形状、数量等是否满足要求，并与出厂记录作比对，确认无误后方可吊装。

（2）根据施工图运用经纬仪、钢尺、卷尺等工具，在施工平面上弹出轴线、预制梁板构件的外边线和中线，作为安装和调整位置的主要依据。轴线误差不得超过 5mm，以保证预制梁板的安装精度。如果剪力墙安装高度有误差而导致预制梁板高度误差较大，可在剪力墙构件上放垫片或者剔凿处理。

（3）预制板构件安装前，应根据测量放线结果安装支撑构件的架体。预制板底支撑可以采用普通扣件式或盘扣式钢管支架，如图 4-11 所示。板中间可采用高度可调的独立钢支撑，一根独立钢支撑受荷载面积不应大于 3m×3m，具体应当按计算所得。临时支撑顶部的木方水平标高利用水准仪调整至准确位置，间距不宜大于 1.8m，距离墙、梁边净距不宜大于 0.5m，竖向连续支撑层数不应少于 2 层。首层支撑架体地基必须坚实，架体必须有足够的刚度和稳定性。

（4）预制板的面积较大，厚度一般为 60mm，相对平面内刚度较小、质量较大。因此，预制板的吊装一般采用专用的钢框式吊装架，进行多点吊装，吊点应沿垂直于桁架筋的方向设置，如图 4-12 所示。

（5）预制梁吊装一般利用钢扁担采用两点吊装，注意吊装过程中需控制吊索长度，使其与钢梁的夹角不小于 60°，钢扁担下的索具与梁垂直，尽量保证构件的垂直受力。预制梁下部的竖向支撑可采取点式支撑，如图 4-13 所示，支撑间距应根据适当的计算确定。单根预制梁至少设置两道可靠的端部支撑，双节预制梁的每一节按照单根预制梁的要求设置临时支撑。注意预制梁和现浇部分交接的地方要增设一根竖向支撑。

(a)

(b)

图 4-11　预制板下的钢管支撑

（a）可调钢支柱支撑；（b）盘扣式钢管支架支撑

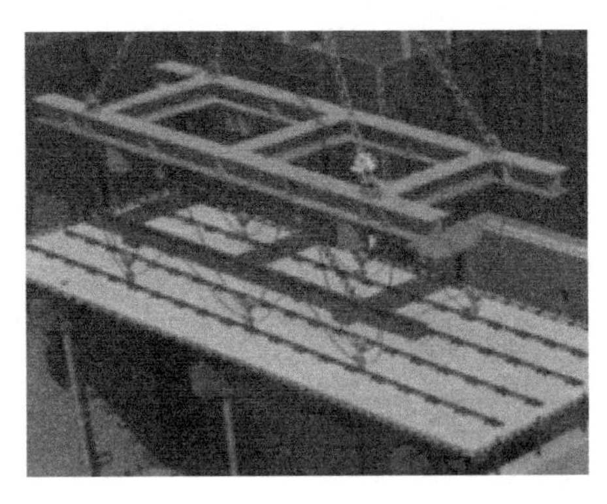

图 4-12　钢筋桁架预制板的多点吊装

图 4-13　临时点式支撑

(6) 预制梁板起吊前要试吊，起吊时也要严格遵循“三三三制”，先吊离地面300mm后暂停30s，以调整构件水平度和检查吊装设备完好，确认构件平稳后所有人员离开3m，再匀速移动吊臂靠近建筑物。预制梁板构件下放时要做到垂直向下安装，在靠近作业层上方200mm时暂停。施工人员手扶梁板调整方向，将构件边线与位置控制轴线对齐，并对构件端部的钢筋进行调整，使其预留钢筋与作业面上的钢筋交叉移位。钢筋对位后，将梁板缓慢下放。

(7) 构件吊装完毕后，利用撬棍对板的水平位置进行微调，保证搁置长度，允许偏差不得超过5mm。但是调整时要注意先垫一块小木块，以免直接使用撬棍而损坏边角。同时进行标高检核，不符合要求的利用支撑可调顶托调整。若通过可调顶托的微调难以修正的，可配合千斤顶之类的工具，先减少支撑的受力再进行调整。最后即可摘钩，进行下一步的叠合面层钢筋绑轧。

4.4　案例分析

4.4.1　工程概况

该项目位于赣州市××区水西A-13-08地块，总建筑面积58281.70m^2。本项目采用装配整体式混凝土结构，装配率约为47%，主要预制构件有预制外墙板、内墙板、叠合板、空调板、楼梯、阳台等。

建设单位：赣州市××区城市建设投资开发有限公司。

监理单位：××建设监理有限公司。

施工单位：××建设集团有限公司。

本项目构件安装采用塔式起重机起重及安装，最不利位置为31m，该处构件重量为3.8t，经过塔式起重机吊重复核，满足起吊要求。本项目在构件设计时已经考虑安装起吊使用的吊装点，并设置相对应的吊装埋件，采用专用吊具进行吊装，且吊装工程不受周边环境影响。项目效果如图4-14所示。

工程难点：本工程吊装构件种类较多，运输车辆较大，进场道路要求较高，需要对场地道路进行混凝土浇筑，构件专用堆场需提前计划和考虑，堆场不得超

图 4-14 项目效果图

过塔式起重机的吊重范围。使用塔式起重机进行安装时，要考虑施工时风荷载的影响，超过六级的大风大雨天不能进行吊装作业。

（1）竖向构件的连接节点较为复杂，在吊装前需提前校核钢筋点位、水电点位是否精确，避免吊装过程中无法安装的情况。

（2）吊装过程中使用工具较多，各类起吊点必须使用专业的吊具进行吊装，严禁混用。

（3）预制构件和现浇节点的连接施工较为复杂，吊装工作和模板、钢筋工作需要相互协调配合，施工难度较大。

（4）竖向构件的连接采用套筒灌浆连接。

4.4.2 施工准备

1. 技术准备

装配式建筑施工特点是以吊装为中心的机械化流水施工。吊装一开吊，各道工序均应有计划、有节奏地紧密配合。因此，施工准备工作在装配式建筑大板结构施工中显得尤其重要。其主要内容包括：

（1）施工配合准备

组织现场施工人员熟悉、审查图纸，对构件型号、尺寸、预埋件位置逐块检查，准备好各种施工记录表格。组织施工人员学习各施工方案、安全方案、各工种配合协调方案；专门组织吊装工进行教育、交底和学习，使吊装工熟悉墙板、楼板安装顺序、安全要求、吊具的使用和各种指挥信号；现场各工种、信号吊装配合预演，次数为3次，在预演中发现信号、安全、设备、配合上存在的问题，对预定方案进行调整、修改及补全。

（2）现场准备

现场场地、材料、设备、人员、预制混凝土构件、施工用电准备；检查预制混凝土构件型号、数量及构件质量，并将所有预埋件及板外插筋、连接筋、侧向环等梳整扶直，清除浮浆；按设计要求检查墙板底层圈梁上的预留粗糙面及插筋是否符合要求，其位置偏移量不得大于5mm。

（3）抄平放线准备

多层建筑宜采用“外近代法”放线，在房屋的四角设置标准轴线控制桩，利用经纬仪或全站仪根据坐标定出建筑物控制轴线不得少于2条（纵横轴方向各一条），楼层上的控制轴线必须用经纬仪或全站仪由底层轴线直接向上引出。每栋房屋设标准水平点1～2个，在首层墙上确定控制水平线。每层水平标高均从控制水平线用钢尺向上引测。

根据控制轴线和控制水平线，依次放出墙板的纵、横轴线、墙板两侧边线、节点线、门洞口位置线、安装楼板的标高线、楼梯休息板位置及标高线、异形构件位置线及编号；轴线放线偏差不得超过2mm。放线遇有连续偏差时，应考虑从建筑物中间一条轴线向两侧调整。

2. 其他准备

（1）材料准备

① 构件运输方式。为确保工程质量，加快施工进度，预制构件生产完成并达到运输要求强度后方能运输进场，并根据施工现场吊装安装顺序分批进场。构件运输均需要配备专业运输架进行运输，以确保运输过程中对构件的保护，提前规划好运输路线。

② 构件进场验收。要求构件供应商严格按照标准要求，进场时配备有关的质量证明文件。

进场时，项目部人员进行表观质量检查，核查构件尺寸、表观质量、钢筋长度等，使用混凝土强度回弹仪进行强度测试，达到要求后报监理单位核查，验收合格后方能投入使用。

（2）施工工具准备

施工工具准备如表 4-2 所示。

施工工具 **表 4-2**

序号	机械或设备名称	型号规格	数量	备注
1	吊具		根据吊装需求	
2	塔式起重机	QTZ160	6 台	
3	手拉葫芦		2 套	
4	注浆机		2 台	
5	支撑杆		若干	
6	钢丝绳		若干	
7	对讲机		18 个	
8	电焊机		4 台	
9	电动扳手		6 个	

（3）人员安排

为保证混凝土工程施工安全有序运行，保障混凝土浇筑质量，配备相应的人员进行管理，如表 4-3 所示。

施工人员安排和工作职责 **表 4-3**

序号	岗位	主要工作职责	备注
1	项目经理	负责项目整体协调调度	
2	技术负责人	负责技术方案、现场技术措施制定、审核及实施	
3	工程部长	负责吊装工程具体实施施工	
4	BIM 组长	负责 BIM 建模及相关方案实施模拟	
5	材料员	负责材料的验收取样	
6	资料员	负责相关资料的报验报批	
7	安全员	负责落实相关安全管理工作	
8	施工员	负责具体工序安排及人员管理	
9	质检员	负责相关质量检查工作	

4.4.3　预制墙体施工

1. 工艺流程

预制剪力墙施工工艺流程如图 4-15 所示。

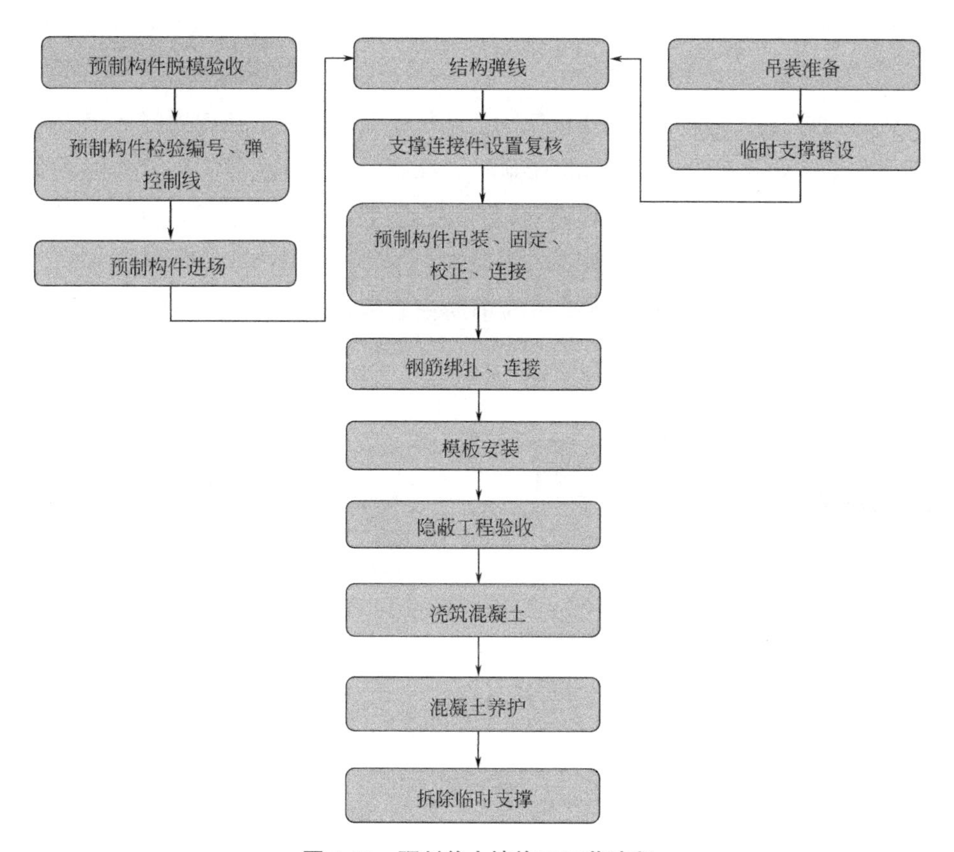

图 4-15　预制剪力墙施工工艺流程

2. 构件定位

(1) 现浇顶板剪力墙钢筋预留

一层剪力墙主筋需伸出二层楼板长度 $8D+20$mm（其中 D 为钢筋直径），以保证满足伸入二层预制剪力墙的套筒长度。

钢筋定位钢板在工厂加工，严格按照图纸尺寸加工，通过精密的设备给钢板开孔，进场前进行质量验收，不合格的定位钢板将退还加工厂重新加工开孔。安装精度方面，通过红外线仪器精确定位，并有质检员逐个验收，确保安装合格后才允许浇筑混凝土。

（2）钢筋定位套板制作

根据图纸钢筋定位尺寸，在加工区制作钢筋定位套板，套板使用5mm厚钢板制作，例如200mm×2400mm的剪力墙加工尺寸为200mm×2400mm，孔的数量及定位根据图纸现场加工。

套板定位时，专职测量放线员使用全站仪投放定位线，油漆做好标记，确保套板定位准确，并及时复核放线的准确性。在施工前将各型号的柱钢套板逐个分门别类，并保证每个都配置一块钢套板。按照图纸尺寸在每个钢套板表面印刻好轴线及轴线编号，安放时将轴线与纵横轴线相对应，保证套板定位准确，如图4-16所示。套板通过螺杆与梁墙的钢筋钢套板焊接在一起，进行牢固定位，如图4-17所示。

图4-16　钢板定位

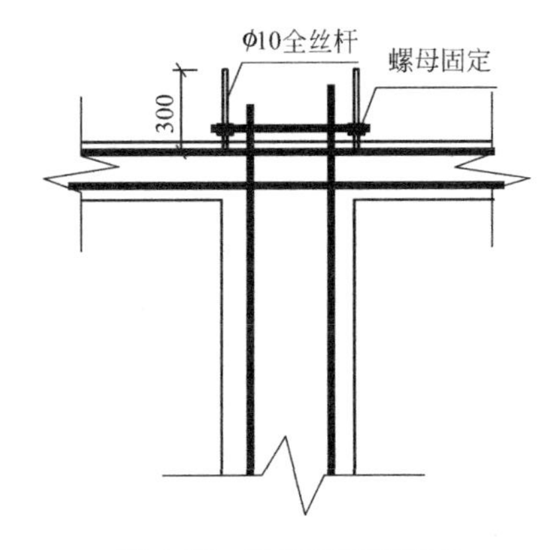

图4-17　钢筋钢套板固定

顶板浇筑混凝土前，将全丝杆焊接到梁主筋上，上部钢板用螺母固定，全丝杆长度300mm，混凝土浇筑过程中跟踪复测，及时调整。管理人员注意技术交底，保证套板安放完毕后不移位，混凝土浇筑过程中跟踪复测，及时调整。定位钢板拆除需要在叠合层混凝土浇筑完毕且本层轴线及控制线都投放完毕后，如此一来定位钢板上的轴线与楼面轴线对照，以便核对定位钢板或钢筋是否偏位。

另外，务必根据图纸统计套板各种类型，并且将每个定位钢板都编有一个序号，而且此序号与柱编号相同，保证在施工过程中钢板不乱用、不混用。定位钢板要在加工区按照图纸尺寸加工准确，防止预制柱安装时钢筋不能顺利插入套筒中。

（3）现浇层的清理

结构板浇筑完毕后及时清理板面，柱接头处清除浮浆，拉毛处理，保证预制剪力墙安装时接头灌浆结果可靠。

（4）吊装施工放线

结构层施工完成后、吊装预制构件前需要投放：①轴线；②剪力墙轮廓井字线；③剪力墙定位控制线（剪力墙轮廓线以外 200mm）；④预制剪力墙纵横轴线；⑤梁安装控制线；⑥支撑体系的平面网格线，斜撑拉杆的定位固定点。在弹出剪力墙定位轮廓线的同时，对照钢筋弹出的线进行复核，以此类推。对于超出允许范围的偏差，由技术负责人确认后，报监理工程师、业主共同核查后做出钢筋偏位的修正。要求检查人员在测量记录后立即向工长确定，工长看了数据后，将剪力墙就位需要调整的位置、尺寸在同一表格中记录并做出指示。施工结束时将每层检查表与目视管理表等同施工管理记录一并保存。

3. 施工流程

（1）预制剪力墙吊装

剪力墙在吊装到楼层时，预先根据已经弹好的线进行定位。一般吊装完剪力墙后，专职放线员使用全站仪控制柱的垂直度，并且进行跟踪核查，垂直度符合要求后，用斜拉杆进行固定。吊装点为 2 个 M20 螺栓，钢板厚为 18mm。楼层浇筑混凝土完成，混凝土强度达到设计和标准要求后，进行下一块剪力墙的吊装施工。

① 定制剪力墙进场、编号、按吊装流程清点数量。

② 根据给定的水准标高、控制轴线引出水平标高线、轴线，然后按水平标高线、轴线安装板下搁置件。

③ 按编号和吊装流程逐块安装就位，并进行斜支撑临时加固及调平施工（预制剪力墙的临时支撑系统由 2 组斜向可调节螺杆组成），预制剪力墙两边及中部缝隙处加塞垫片，标高及轴线位置调整后，沿预制剪力墙边缘进行高强砂浆坐

浆及灌浆施工。灌浆料强度达到35MPa（对灌浆料留置同条件养护试块）以上方可将斜撑杆拆除，预制剪力墙套筒必须与下层插筋连接到位，严禁出现切割钢筋的现象。

④ 塔式起重机吊点脱钩，进行下一个预制剪力墙安装，并循环重复。

⑤ 预制剪力墙安装、固定后，再按结构层施工工序进行后一道工序施工。

⑥ 待上层楼板混凝土浇筑结束后，进行预制剪力墙灌浆施工。

（2）预制剪力墙吊装的施工要素

① 根据预制剪力墙平面各轴的控制线和柱框线，校核预埋套管位置的偏移情况并做好记录，根据图纸将预留钢筋的多余部分割除。若预制剪力墙有小距离的偏移，需借助撬棍及扳手等工具进行调整。

② 检查预制剪力墙进场的尺寸、规格、混凝土强度是否符合设计和标准要求，检查剪力墙上预留套管、预留钢筋是否满足图纸要求、套管内是否有杂物，同时做好记录，并与现场预留套管的检查记录进行核对，无问题后方可进行吊装。

③ 剪力墙就位调整

吊装前垫片应该设置在剪力墙底部两端和中间部位，以利于预制剪力墙的垂直度校正，按照设计标高，结合剪力墙尺寸对偏差进行确认。用全站仪控制垂直度，若有少许偏差，采用千斤顶等进行调整。

④ 剪力墙初步就位时，应将预制剪力墙钢筋与上层预制剪力墙的引导筋初步试对，无问题后将钢筋插入引导筋套管内20～30cm，以确保柱悬空时的稳定性，准备进行固定。

（3）预制剪力墙斜撑固定

预制剪力墙的支撑采用特制支撑杆固定，用螺栓与预留孔洞进行连接。

在塔式起重机吊装之前，施工人员在构件吊装到相应位置后需及时将支撑杆固定在预制剪力墙上，在预制剪力墙按照测量员投放的线安装到位后，施工人员将斜撑固定在预留点上和露面支撑点上，如图4-18所示。

（4）现浇节点支模

根据设计图纸，将现浇节点部位根据尺寸深化为几种类型，拟根据这几种类型制作铝合金模板，请专业厂家设计、加工。

1）预制结构与现浇结构节点支模

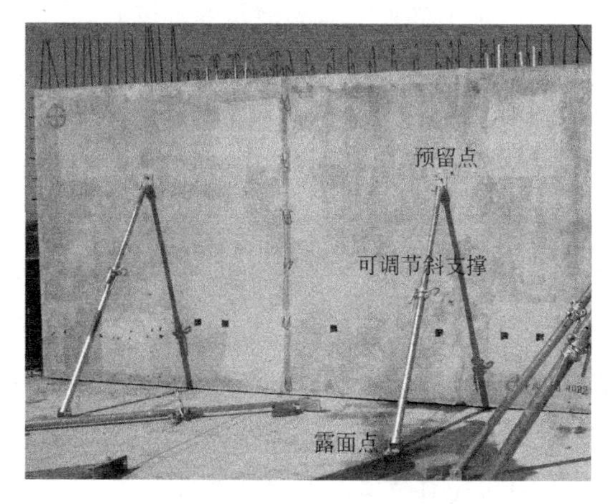

图 4-18　剪力墙斜撑固定

安装模板前将杂物清扫干净，在模板下粘贴双面胶，使模板与预制结构紧密相连，起到防漏浆作用。

2）预制结构同现浇节点混凝土浇筑及养护

混凝土浇筑前，应进行隐蔽工程验收。验收项目应包括下列内容：

① 钢筋的牌号、规格、数量、位置、间距等。

② 纵向受力钢筋的连接方式、接头位置、接头数量、接头面积百分率、搭接长度等。

③ 纵向受力钢筋的锚固方式及长度。

④ 箍筋、横向钢筋的牌号、规格、数量、位置、间距，箍筋弯钩的弯折角度及平直段长度；混凝土浇筑时，应对模板及支架进行观察和维护，发生异常情况时及时处理。混凝土浇筑完成后应及时进行养护，养护时间不应少于 14d。

3）叠合层钢筋绑扎及埋件安装

① 叠合层钢筋为双向单层钢筋；绑扎钢筋前清理干净叠合板上的杂物，根据钢筋间距弹线绑扎，钢筋绑扎时穿入叠合楼板上的桁架，钢筋上铁的弯钩朝向要严格控制，不得平躺；应保证钢筋搭接和间距符合设计要求。双向板钢筋放置：当双向配筋的直径和间距相同时，短跨钢筋应放置在长跨钢筋之下：当双向配筋直径或间距不同时，配筋大的方向应放置在配筋小的方向之下。

② 安装预制墙板用的斜支撑预埋件应及时埋设。预埋件定位应准确，并采取可靠的防污染措施。

③ 钢筋绑扎过程中，应注意避免局部钢筋堆载过大。

4）叠合层混凝土浇筑及养护

① 为使叠合层与叠合板结合牢固，要认真清扫板面，对有油污的部位应将表面凿去一层（深度约 5mm）。在浇筑混凝土前要用有压力的水管冲洗湿润，注意不要使浮灰积在压痕内。

② 混凝土浇筑前，应采用定位卡具检查并校正预制构件的外露钢筋。在浇筑混凝土前将插筋露出部分包裹胶带，避免浇筑混凝土时污染钢筋接头。

③ 混凝土坍落度控制在 16～18cm。为保证叠合板及支撑受力均匀，混凝土浇筑宜从中间向两边浇筑。混凝土浇筑应连续施工，一次完成。使用平板振捣器振捣，要尽量使混凝土中的气泡逸出，以保证振捣密实。

④ 叠合构件与周边现浇混凝土结构连接处的混凝土浇筑时，应加密振捣点，保证结合部位混凝土振捣质量。

⑤ 混凝土浇筑时，注意不应移动预埋件的位置，且不得污染预埋件外露连接部位。

⑥ 混凝土浇筑过程中，应注意避免局部混凝土堆载过大。

⑦ 工人穿收光鞋，用木刮杠在水平线上将混凝土表面刮平，随即用木抹子搓平。

⑧ 混凝土浇筑完成后应按方案要求及时进行养护，养护时间不少于 14d。

⑨ 拼缝模板及板底支撑拆除：混凝土强度满足要求后，拆除叠合板拼缝模板及板底支撑。

4.4.4 套筒灌浆施工

预制剪力墙采用套筒灌浆连接技术，灌浆套筒接头的两端采用灌浆方式连接钢筋，硬化后将钢筋与套筒牢固结合成整体，通过套筒内侧的凹凸槽和钢筋的凹凸纹之间的灌浆料来传递荷载。针对预制墙体竖向的套筒灌浆施工流程如 4.3.2 节所述。

1. 施工机具

灌浆一般所需的机具见表 4-4。

灌浆机具 表 4-4

序号	设备名称	规格型号	用途	序号	设备名称	规格型号	用途
1	电子地秤	30kg	量取水、灌浆料	4	电动灌浆泵		压力法灌浆
2	搅拌桶	25L	盛水、浆料拌制	5	手动注浆枪		应急用注浆
3	电动搅拌机	≥120r/min	浆料拌制	6	管道刷		清理套筒内表面

2. 灌浆料的制备

根据设计配合比进行灌浆料的制备，按 2 袋灌浆料（25kg/袋）加入 6kg 水的比例进行灌浆料的制备，先加水后倒入灌浆料，搅拌均匀后静置 2～3min，使灌浆料气泡内的空气静置排出。

灌浆料制作完成后进行流动度检测及试块制作，如图 4-19 所示。灌浆料初始流动性需满足≥300mm、30min 流动性需满足≥260mm，灌浆料使用温度不宜低于 5℃。同时，每个班组施工时留置 1 组试块，每组试件 3 个试块，分别用于 1d、3d、28d 抗压强度试验，试块规格为 40mm×40mm×160mm，灌浆料 3h 竖向膨胀率需满足≥0.02%，灌浆料检测完成后开始灌浆施工。

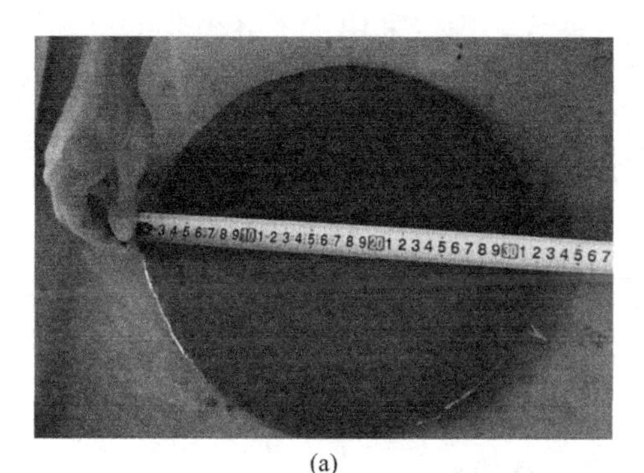

(a)

(b)

图 4-19 流动度检测及试块制作

(a) 流动度检测；(b) 试块制作

3. 灌浆准备措施

(1) 灌浆前需检查钢筋套筒是否通畅，采用手电透光测试或高压空气测阻塞，检查完成后在墙体表面做标记。

(2) 灌浆前将构件与灌浆料接触面清理干净，保证无灰渣、无油污、无积水，并将其润湿。

(3) 确认灌浆孔和出浆孔内清洁无杂物，对注浆孔编号，封堵注浆孔。

(4) 吊装完成后，预制墙体与结构楼板之间的封堵措施采用干硬性砂浆塞缝，塞缝采用专用工具铲进行封堵，保证砂浆进入墙体内小于 10mm，如图 4-20 所示。

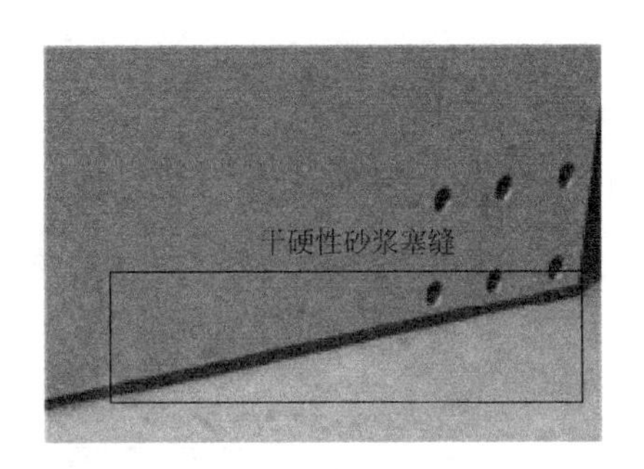

图 4-20 预制墙体与结构楼板之间的封堵

4. 套筒灌浆步骤

根据构件结构特点、施工环境温度条件等，确定采用水平缝坐浆的单套筒灌浆、水平缝连通腔封缝的多套筒灌浆、水平缝连通腔分仓封缝的多套筒灌浆施工方案，并以实际样品构件、施工机具、灌浆材料等进行方案验证，确认后正式实施。套筒灌浆连接的具体步骤包括：

(1) 单套筒灌浆

① 不流动、不收缩的水泥基坐浆料铺设在连接面上，由坐浆料将每个灌浆套筒底部封堵，与外界隔离。

② 坐浆料凝固后对各个套筒独立灌浆，并从套筒下方灌浆口注浆。

③ 用不流动、不收缩的封缝坐浆料或弹性密封材料将构件水平缝四周密封。

④ 水平缝坐浆：浆料层须高于构件底面标高，宜中间高、两边低，以防空气憋堵在构件底部；构件安装到位后，应保证套筒底部的坐浆料密封但不能进入套筒内部；坐浆料为承载结构性材料，其抗压强度高于构件混凝土强度；连接钢筋设独立刚性密封件，避免降低承载面积。

(2) 连通腔灌浆

① 分为水平缝连通腔封缝的多套筒灌浆、水平缝连通腔分仓封缝的多套筒

灌浆。

② 用不流动、不收缩的封缝坐浆料或者弹性密封材料将构件水平缝四周密封，或分隔成多段分别密封，多个套筒在 1 个连通腔内，并通过底部水平缝相连通。

③ 封缝坐浆料凝固后对各个连通腔独立灌浆，用压力较高的灌浆设备从套筒下方灌浆口注浆。

④ 用水泥基封缝坐浆料塞入构件水平缝下方，形成 30～40mm 宽的分仓隔墙。

⑤ 将长度较大的构件底面分成两部分或三部分，单仓最大尺寸不宜超过 1.5m，周围再用封缝坐浆料密封压实，形成 15～20mm 厚密封外墙，等待封缝料硬化达到预期强度后实施后续灌浆施工。

将搅拌好的灌浆料倒入螺杆式灌浆泵，开动灌浆泵，控制灌浆料流速在 0.8～1.2L/min，待有灌浆料从压力软管中流出时，插入钢套管灌浆孔中。应从一侧灌浆，灌浆时必须考虑排除空气，两侧以上同时灌浆会窝住空气，形成空气夹层。

从灌浆开始，可用竹劈子疏导拌合物，以加快灌浆进度，促使拌合物流进模板内各个角落。灌浆过程中不准使用振动器振捣，确保灌浆层匀质性。灌浆开始后必须连续进行，不能间断，并尽可能缩短灌浆时间。在灌浆过程中发现已灌入的拌合物有浮水时，应当马上灌入较稠一些的拌合物。当有灌浆料从套筒溢浆孔溢出时，用橡皮塞堵住出浆孔，直至所有套筒中灌满灌浆料，方可停止灌浆。

如果出浆口直接设置于墙体表面时，堵住出浆口后很难保证灌浆料能完全填满套筒，灌浆料硬化后也难以检测是否密实。因此，可在出浆口处设置灌浆饱满度观察器。灌浆饱满度观察器的高度高于套筒顶端位置，当灌浆料充满灌浆饱满度观察器时，灌浆前套筒内若无杂质则将百分之百灌满。此外当从剪力墙底部注浆口撤出注浆嘴时，若封堵不及时，灌浆料可能流出一部分。而灌浆饱满度观察器中多出的灌浆料可进行补浆，确保套筒灌密实。

预制墙体水平接缝连接的灌浆过程如图 4-21 所示。

拆卸后的压浆阀等配件应及时清洗，其上不应留有灌浆料，灌浆工作不得污染构件。作业过程中对余浆及落地浆液及时进行清理，保持现场整洁。灌浆结束后，应及时清洗灌浆机、各种管道及其他工具。灌浆施工时，应填写《灌浆施工

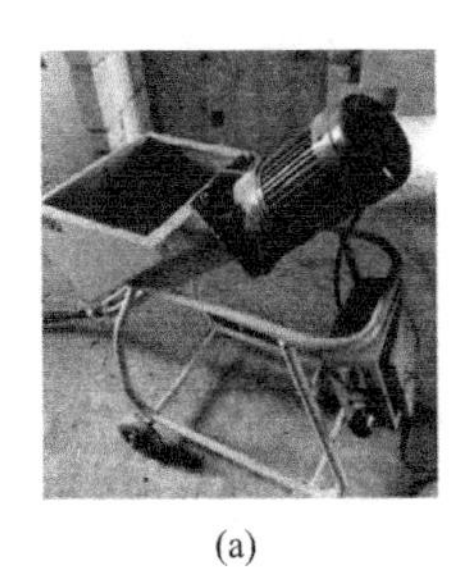
(a)

(b)

(c)

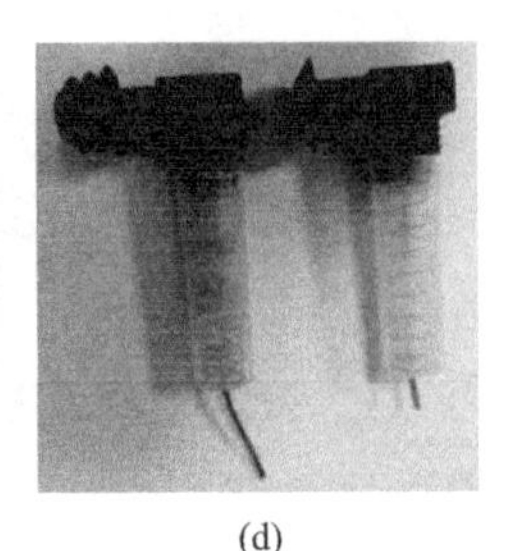
(d)

图 4-21　灌浆机及灌浆过程

(a) 灌浆机；(b) 专用电箱；(c) 灌浆并封堵出浆口；(d) 灌浆饱满度观察器

记录表》，记录温度、水温、料温、对灌浆料的加水率、流动度等参数。

4.4.5　叠合板施工

1. 工艺流程

叠合板吊装工艺流程如图 4-22 所示。

2. 构件吊装

(1) 吊装前的准备工作

① 在进行叠合板吊装前，在下层板面上进行测量放线，弹出尺寸定位线及支撑立杆定位线。

② 叠合板在与预制构件或现浇构件搭接处放出 10cm 控制线；放出叠合板边线及叠合板架体定位线；放出叠合板板面 10cm 控制线。

(2) 叠合板吊装

吊装前由质量负责人核对墙板编号、尺寸，检查质量无误后，由专人负责挂钩。待挂钩人员撤离至安全区域时，由信号工确认构件四周情况，并指挥缓慢起吊。起吊到距离地面 0.3m 左右并确认安全后，继续起吊。具体步骤为：

步骤一：预制叠合板进场、编号、按吊装流程清点数量；

步骤二：搭设临时固定与搁置排架；

步骤三：控制预制构件标高与定位轴线；

步骤四：按编号和吊装流程逐块安装就位，将预制叠合板按顺序进行吊装；

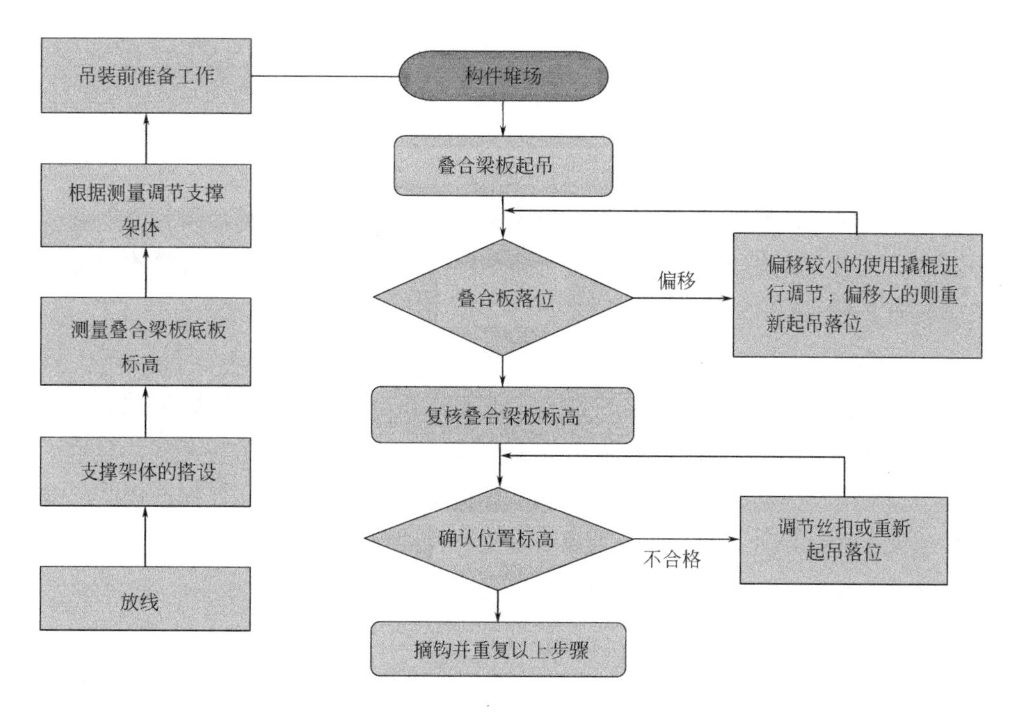

图 4-22　叠合板吊装工艺流程

步骤五：梁板面层钢筋绑扎，机电安装管线及线盒同步施工，钢筋绑扎及机电安装施工结束后进行混凝土楼面浇筑。

吊装过程如图 4-23 所示。

图 4-23　叠合板吊装施工过程

（a）起吊；（b）落位；（c）钢筋绑扎；（d）管线施工

3. 构件定位

（1）叠合板水平定位的控制

先对靠近预制外墙侧的叠合板进行吊装。在进行叠合板吊装前，在下层板面上进行测量放线，弹出尺寸定位线。叠合板的吊装根据设计要求，需与甩筋两侧预制墙体、现浇剪力墙、现浇梁或叠合梁相互搭接 10mm，需在上述结构上方或下层板面上弹出水平定位线。

（2）叠合板竖向标高的控制

由于叠合板通过三脚架独立支撑进行受力支撑，则必须要对三脚架独立支撑的竖向标高进行严格控制。由于在叠合板吊装前，预制墙体已吊装完成，且每一大块叠合板均与预制墙体搭接，则可在下层板面上使用水准仪，根据已安装好的预制墙体顶标高，对三脚架独立支撑的标高进行控制。

（3）叠合板落位时的定位控制

支撑体系搭设完毕后，将叠合板直接从运输构件车辆上挂钩起吊至操作面，距离墙顶 500mm 时停止降落，操作人员稳住叠合板，参照墙顶垂直控制线和下层板面上的控制线，引导叠合板缓慢降落至支撑上方，待构件稳定后方可摘钩和校正。

第5章

装配式混凝土框架结构施工方法

5.1 基本规定

5.1.1 基本要求

装配式混凝土框架结构装配效率高，是最适合装配化的结构形式之一，可用于大空间厂房、商场、办公楼、教学楼、商务楼、医务楼、停车场等建筑，目前也正逐步用于民用住宅建筑。由于装配式混凝土结构与现浇结构不同，装配式混凝土结构施工需要满足一些基本要求：

（1）要结合建筑、结构、机电和装饰装修等设计、预制构件生产、现场构件装配三位一体策划并制订装配式混凝土结构施工组织设计和专项方案。按各方要求协同工作，从源头上避免因钢筋或管道碰撞等问题而停工或返工，最大限度地发挥装配式建筑高效施工的特点。

（2）要具有与装配式建筑施工相适应的安装工具和设备以及专业技术人员。工装系统应工具化、标准化。

（3）在施工前，按施工方案对有代表性的构件进行试安装，及时发现问题并调整施工方案。

（4）在按施工方案进行预制构件安装、后浇部分施工以及机电安装时，待前一道工序完工并检查合格后，方可进行下一道工序的施工。每一道施工工序应做好完整的质量控制，并具有完善的施工记录和验收资料。

（5）施工过程中应具有安全、完善的保障措施，以保证施工顺利进行。其中安全措施应符合《建筑施工高处作业安全技术规范》JGJ 80—2016、《建筑机械使用安全技术规程》JGJ 33—2012等行业标准的有关规定。

（6）预制装配式混凝土构件的材料质量也会显著影响施工质量。预制框架结构常用材料包括混凝土、钢筋、预埋件、灌浆套筒、灌浆料等。材料质量要求有：

① 混凝土配合比设计应满足现行行业标准《普通混凝土配合比设计规程》JGJ 55—2011的规定，混凝土中氯离子和碱含量也应满足相关标准的要求。

② 预制混凝土框架结构用钢筋应满足《钢筋混凝土用钢第2部分：热轧带肋钢筋》GB/T 1499.2—2018的要求。钢筋材料进场后要有质量保证单和出厂合格证等，并见证钢筋抽样进行检测，检测合格后才能使用。

③ 预制框架结构的预埋件分为锚固类和起吊类。大部分预埋件在工厂生产构件时已提前预埋，现场预埋件在进场时也应有质量保证单和出厂合格证等，必要时对其进行相关性能检测，如起吊类预埋件应保证起吊时的稳定性。

④ 灌浆料是连接钢筋的材料，最好由与灌浆套筒相匹配的厂商提供，其性能应满足《钢筋套筒灌浆连接应用技术规程》JGJ 355—2015、《钢筋连接用套筒灌浆料》JG/T 408—2019的要求。

⑤ 坐浆料可以用于预制框架构件连接接缝处的分仓、封仓、垫层、找平或填缝等，框架结构中主要用于柱的底部，可参照《预制构件用座浆应用技术规程》DB 4401/T 89—2020，仅供参考。必要时进行试验验证，包括材料强度和使用性能等，以此作为是否满足设计及验收的依据。

具体使用技术指标方面，需保证坐浆料的流动性、保水率、凝结时间、抗压强度、膨胀率、氯离子含量等满足相关要求。另外，预制柱的接缝处还应设置键槽，柱顶应设置粗糙面，柱底也最好设置粗糙面。

5.1.2 施工流程

装配式混凝土框架结构施工过程包括预制混凝土柱的搬运与安装、预制混凝土梁的搬运与安装、叠合楼板的搬运与安装、节点部位模板安装、后浇混凝土、养护、模型拆除以及各种临时支撑拆除等。常见的施工流程如图 5-1 所示。

5.2　装配式框架结构拆分

装配式框架结构构件的拆分、节点构造与施工联系密切。施工前，应由业主组织并联合设计单位、监理单位、预制构件制作单位等各工程参与方进行相关技术交底，以掌握结构设计意图，特别是关键节点的做法，以更好地保证工程施工质量。《装配式混凝土建筑技术标准》GB/T 51231—2016 中规定，施工单位应根据装配式混凝土建筑工程的特点，配备具有相应基础知识和技能的人员。另外，装配式混凝土梁柱节点连接的施工质量直接影响装配式框架结构的抗震性能和整体性。因此，有必要了解装配式框架结构的拆分和框架连接节点的典型做法，才能更好地领会设计意图，及时发现设计中可能存在的问题。

5.2.1　构件拆分

装配式框架结构的拆分应根据建筑和结构的特点进行，按组成构件划分，一般拆分为预制柱、预制叠合梁、叠合楼板、楼梯、预制外墙板、成品内墙板等。总的拆分原则是：

（1）装配式框架结构中预制构件的拆分位置最好设置在构件受力较小的部位。不过也可依据外部条件、相关政策、结构塑性铰分布进行调整。

（2）拆分设计过程中，要考虑工厂生产、模板要求、构件运输重量和道路限制、现场安装、起重机械吊装水平等因素。

（3）预制框架梁包括主梁和次梁，主梁拆分一般按柱网拆分，拆分位置设置在梁端，一般为单跨梁，也可设置在梁跨中。次梁拆分以主梁为间距设置为一个单元，一般为单跨梁。

（4）首层框架柱一般采用现浇，其余上部预制柱的拆分单元一般为层高，大多数为单节柱，拆分位置主要设置在楼层标高。必要时也可以设置为多节柱。不过多节柱需注意在施工过程中要防止节点钢筋发生过大变形。

装配式混凝土框架结构的预制梁和预制柱的典型拆分方式如图 5-2 所示。

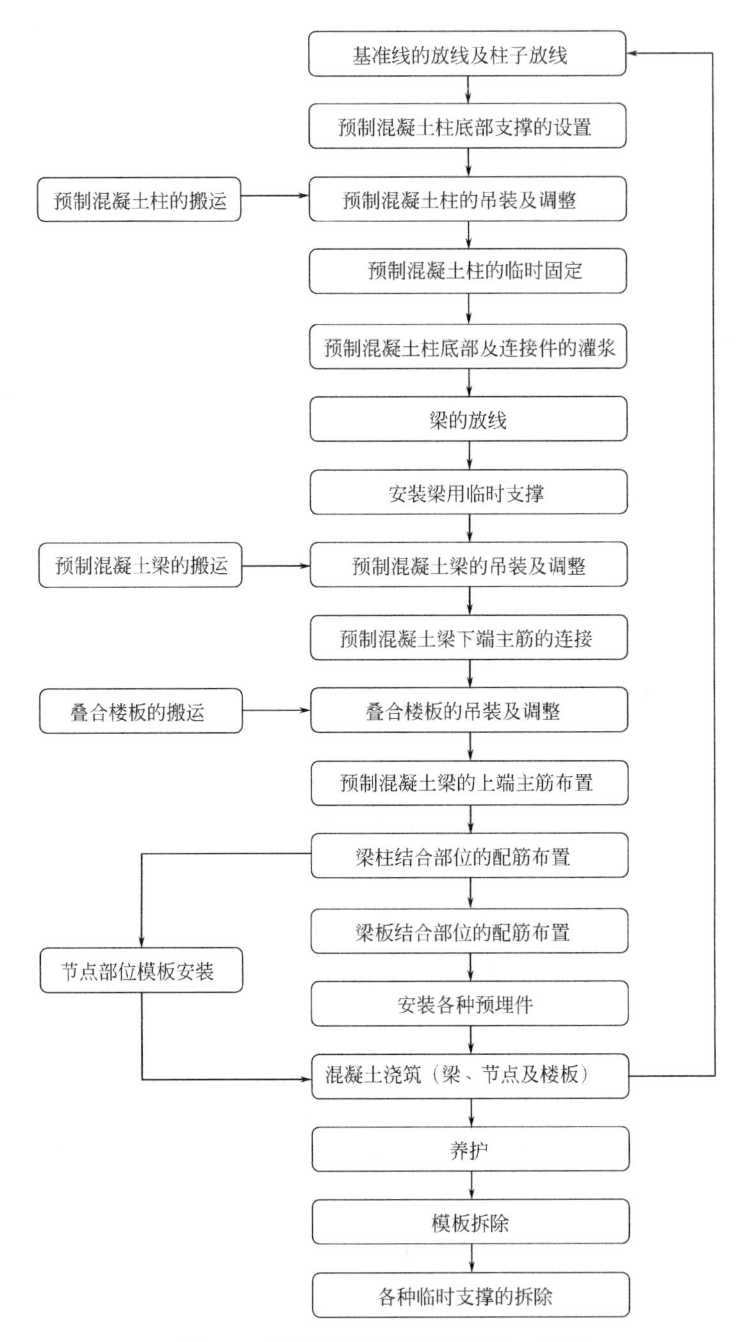

图 5-1　装配式混凝土框架结构施工流程

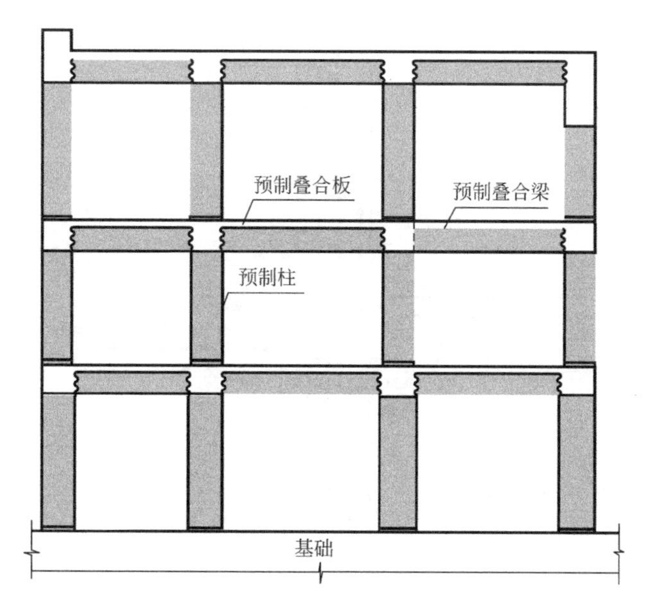

图 5-2　装配式混凝土框架梁柱拆分和节点分类

5.2.2　节点区典型做法

装配式混凝土框架梁柱拆分后，由此形成常见节点或连接，包括预制柱与现浇基础连接、中间层和顶层角柱节点、中间层和顶层边柱节点以及中间层和顶层中柱节点等。

以中间层中柱节点为例，说明预制框架梁节点区连接的典型做法，如图 5-3 所示。

(1) 中间层中柱节点在两个方向共包含 4 根预制梁、5 根叠合梁（角柱和边柱则分别有 2 根和 3 根叠合梁）。叠合梁下部在工厂完成的部分为预制梁。节点处两个方向的叠合梁高度可能相同，也可能不同。由于节点区附近梁上部钢筋受拉，在施工时叠合梁上部后浇部位的受拉纵筋应贯穿节点区。叠合梁下部纵向钢筋是否伸入支座由设计确定。若伸入支座，纵筋锚固可以采用搭接连接或锚固板增加锚固能力。

(2) 由于左右或前后钢筋一般设置在同一高度。在施工前进行图纸会审或技术交底以及现场查验构件尺寸时，应注意详细检查梁底伸入节点区的纵向钢筋的碰撞问题，是否采用避让措施或钢筋偏位。

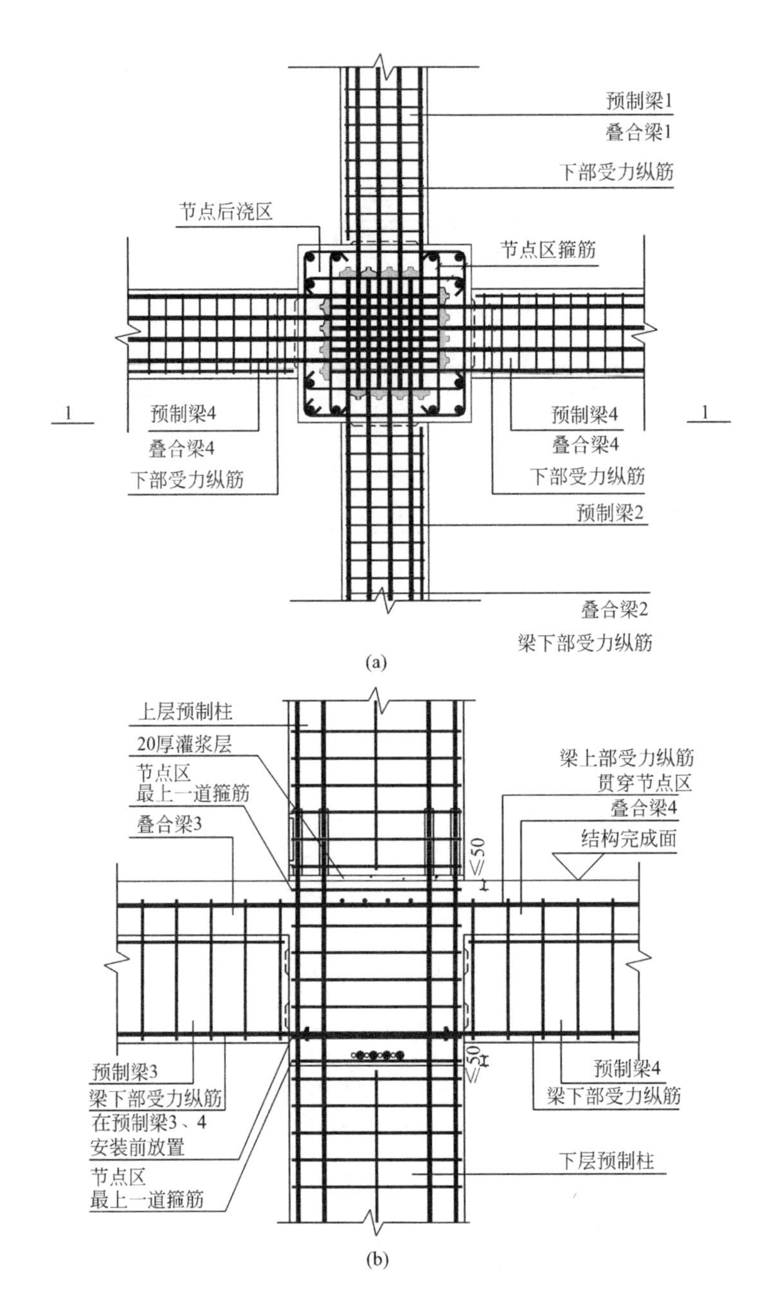

图 5-3　装配式混凝土框架梁柱节点典型做法

（a）叠合梁上部纵向钢筋安装前俯视图；（b）1—1 剖面图

(3) 柱顶钢筋伸出并穿过节点区，在上部结构完成面与上层柱钢筋通过灌浆套筒连接。为了保证柱顶连接钢筋在设计位置上，可采用定位架固定钢筋位置，并确保钢筋伸入灌浆套筒的长度满足设计要求。伸出钢筋暴露在空气中，应采取措施防止钢筋发生锈蚀或沾上杂质，影响钢筋与灌浆料粘结。

(4) 对于两个方向截面高度不同的叠合梁，先安装高度较大的2根梁，再安装高度较小的2根梁。梁箍筋和纵向受力钢筋在施工时注意安装顺序，截面较小的梁在安装前要放置梁底纵筋以下的箍筋。

(5) 预制柱在安装前，应将接缝处的浮浆、松动石子、软弱混凝土层清除。预制柱下方的结构面还应采用凿毛等方式处理成凹凸深度不应小于6mm的粗糙面，以增加后浇混凝土与原预制柱接缝处的粘结。

5.3 构件安装

5.3.1 构件现场堆放

预制构件进场后，对构件型号、强度、配件型号、数量、规格等进行核对。随后将其摆放至堆放场地，构件底部铺设垫木或垫块，如图5-4所示。

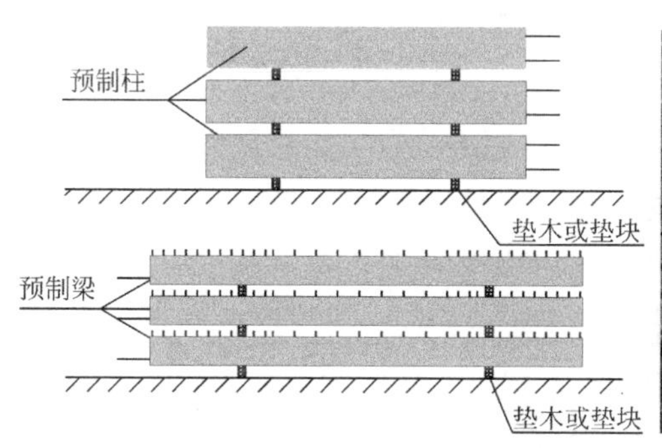

图5-4 预制构件的现场堆放

堆放场地应平整，不能太软，应具有足够的强度和刚度。场地要避免积水，构件中预埋的吊装装置应朝上，方便吊装。为防止预制构件在堆放中因自重而开裂，应通过计算合理摆放垫木或垫块的位置。对于预应力构件，摆放措施还应考虑预应力反拱的影响。

5.3.2 吊装工序

构件吊装的基本流程为：准备工作→预制框架构件吊装运输及安装→预制框架构件调整校正及临时固定→安装质量检查验收。

1. 准备工作

（1）调整预制梁和柱构件伸出钢筋的位置和顺直度，清除沾在钢筋表面和构件接缝处的混凝土、砂浆、污渍等。

（2）检查预制构件的外观、尺寸、表面平整度、连接钢筋等是否存在问题，检查灌浆套筒内部是否清洁，套筒位置有无偏差，有问题的及时处理。

（3）准备所需的吊具、索具、分配梁等安装工具。在构件安装位置提前设置好控制标高的垫片或者螺栓等。

2. 预制框架构件吊装运输及安装

（1）将所需吊装构件牢固安装好吊装工具，由信号工负责与塔式起重机驾驶员联系起吊。起吊时要遵循“三三三制”，即先将预制剪力墙吊起离地面 300mm 的位置后停稳 30s，工作人员确认构件是否水平、吊具连接是否牢固、钢丝绳是否交错、构件有无破损。起吊装置和工具如图 5-5 所示。

（2）确认无误后所有人员远离构件 3m 以上，通知塔式起重机驾驶员可以起吊。若发现构件倾斜等情况，要停止吊装，放回原来位置，重新调整以确保构件能够水平起吊。预制柱起吊前是水平放置的，起吊时先缓慢竖起，随后向上起吊。预制柱的吊装则视梁的受力情况，采用辅助钢梁垂直起吊，减少梁自重产生的不利影响。

（3）将构件吊至安装部位附近，当构件吊至比实际安装位置高 3m 左右时，平移构件至安装位置上方，下降至合适的位置停止。

（4）由现场安装人员牵引控制构件下落的位置和方向。

3. 预制框架构件调整校正及临时固定

（1）构件吊至距离构件设计高度上方 500～600mm 的位置后，由安装人员

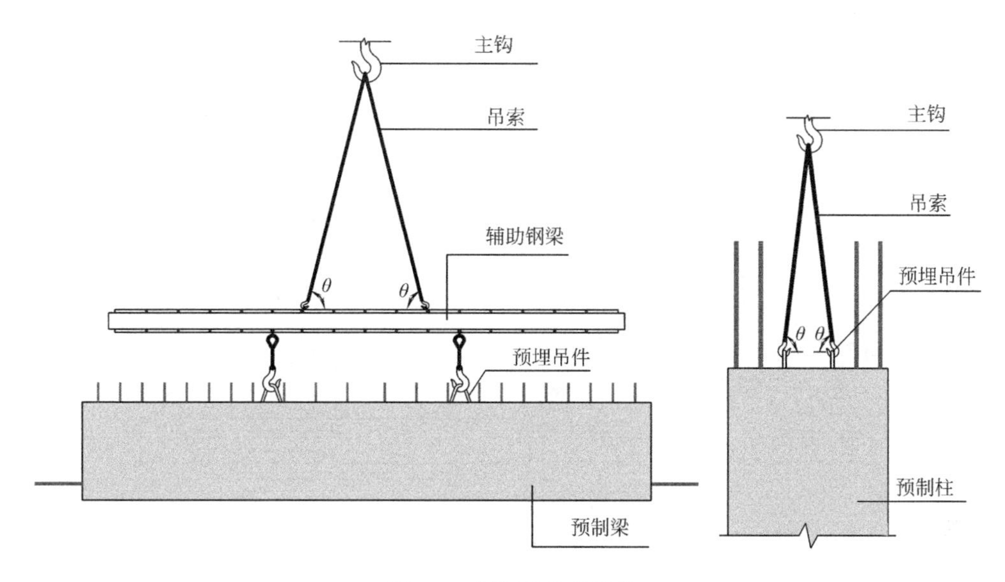

图 5-5　预制梁柱的吊装

扶住构件，开始精确安装。

（2）构件缓慢就位，将下部柱或旁边的预制梁伸出钢筋插入预制柱或预制梁内预埋的套筒。其中梁和柱还应进行调整和校正，以对齐放线时弹出的定位线。

（3）安装后，需将构件进行临时固定。对于水平构件预制梁，应检查支撑体系；对于竖向构件预制柱，应检查斜支撑，并通过调节斜支撑来保证柱子的垂直度符合要求。此外，柱的临时支撑应在两个柱侧面不同的方向设置，设置高度最好距离柱底 1/2～2/3 柱高的范围之内。

预制梁和预制柱的临时支撑体系如图 5-6 所示。预制梁的固定可以在柱顶安装临时钢牛腿，预制梁中间设置一个支撑架；若采用两个支撑架，在可以保证预制梁的稳定时，也可不设置临时钢牛腿。

5.3.3　灌浆方法

装配式混凝土框架结构预制柱之间主要采用套筒灌浆连接的方式连接钢筋。灌浆质量将直接影响结构安全性，是装配式框架结构最重要的施工工序。灌浆作业的工艺流程为：连接面接缝处理、检查和调整连接钢筋和套筒→构件吊装→预制柱底部灌浆接缝封堵→灌浆材料和设备准备→检验制备灌浆料→高强灌浆料灌浆→灌浆完成堵孔→灌浆检查验收。

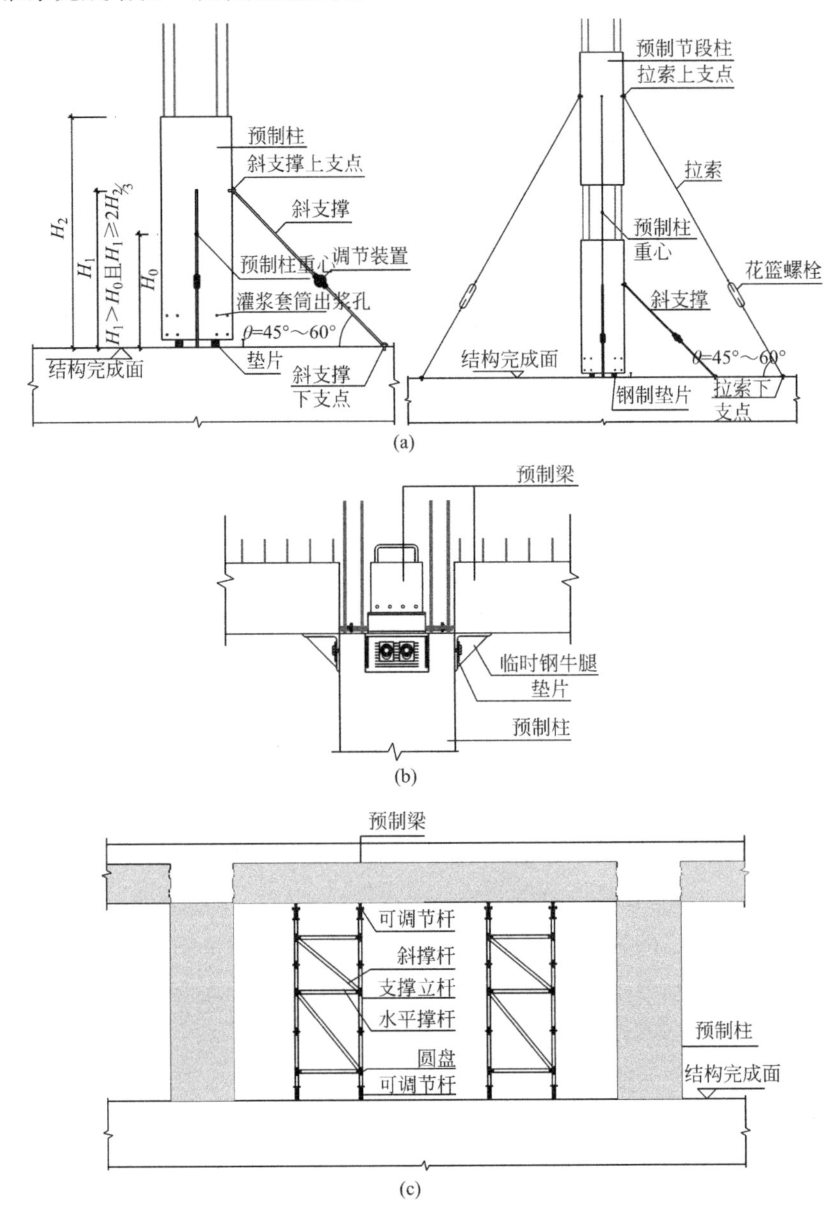

图 5-6　预制柱和预制梁临时固定措施

(a) 单节和多节预制柱临时固定措施；(b) 预制梁临时钢牛腿固定措施；
(c) 预制梁支撑架临时固定措施

吊装前将构件接缝连接面凿毛，用干净的水冲洗接缝表面，并保持湿润，但是不能有积水。将连接钢筋插入套筒时查看套筒内部是否有异物，所有连接钢筋均能插入套筒后，将构件放下。

预制柱底部灌浆接缝通常采用连通腔灌浆法，如图 5-7 所示。为此，构件摆放至设计位置并固定后，需要对接缝空腔进行封堵。封堵方法主要有三种：模板封堵、外封式封堵和侵入式封堵。若采用侵入式封堵，应采用专用封堵料，且侵入深度不能超过套筒外壁。尤其注意的是，封堵料不能进入套筒内，否则将严重影响套筒内钢筋与灌浆料粘结，连接钢筋受拉时易出现滑移破坏。

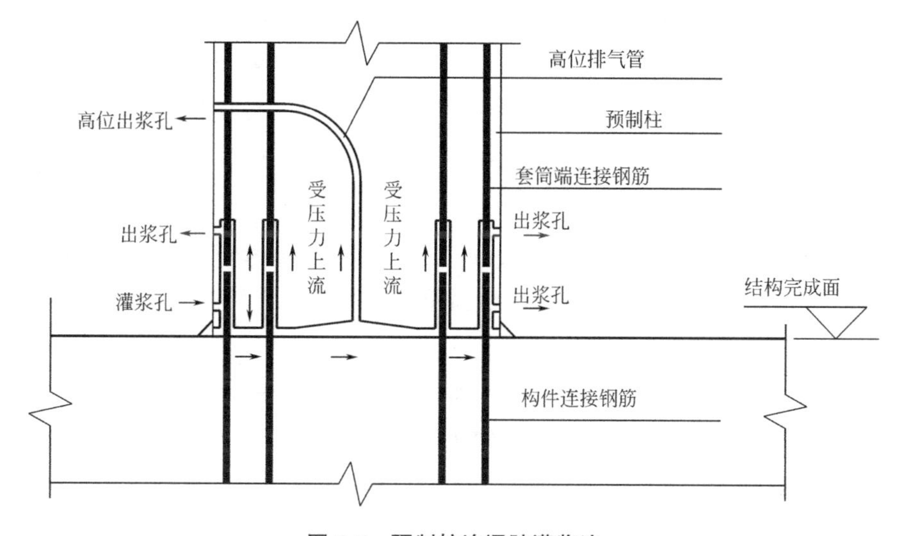

图 5-7　预制柱连通腔灌浆法

制备灌浆料时，应严格控制水料比，检测初始流动度。流动度等相关参数应有记录，参数合格后再进行灌浆作业。常温下灌浆料抗压强度应符合《钢筋套筒灌浆连接应用技术规程》JGJ 355—2015 的要求，且不应低于接头设计要求的灌浆料抗压强度。抗压强度试件应按 40mm×40mm×160mm 尺寸制作，其加水量应按常温型灌浆料产品说明书确定，试模材质应为钢质。

灌浆料拌合物的工作性能应符合《钢筋套筒灌浆连接应用技术规程》JGJ 355—2015 的规定。泌水率试验方法应符合《普通混凝土拌合物性能试验方法标准》GB /T 50080—2016 的规定。

最后，用灌浆机的灌浆枪对准套筒灌浆孔，将灌浆料压入套筒（压力灌浆）。

灌浆料应在自加水搅拌开始30min内使用完。当所有排浆孔出浆并封堵牢固后，可停止灌浆。

5.3.4 常见问题

装配式框架结构在吊装及灌浆过程中常见问题有：

(1) 接缝连接面浮浆过多，未处理且有污渍，影响界面粘结，同时影响接缝空腔的封堵。

(2) 伸出连接钢筋未保护好，生锈或被污染，影响钢筋连接锚固。

(3) 连接钢筋定位存在偏差。节点处梁和柱的纵向钢筋和箍筋数量较多，由于前期技术交底不到位、审图不仔细或者管理不善，安装过程中未及时跟进柱钢筋定位套板，梁钢筋和箍筋安装定位完毕后，柱钢筋无法调整，造成柱连接位置偏差。

(4) 柱钢筋伸出高度（长度）偏差。很多时候钢筋伸出过长。若出现连接钢筋长度不足时，将严重影响套筒灌浆连接强度，易出现套筒内钢筋拔出破坏，连接强度不足。

(5) 采用侵入式封堵时，坐浆料易进入套筒内部，不仅造成套筒内灌浆料强度不足，甚至可能堵塞灌浆料流入套筒内部。

(6) 灌浆料制备时，加水过少，造成灌浆料流动性较差；加水过多，影响灌浆料强度，并导致泌水、离析和分层等现象；搅拌不均匀。

(7) 灌浆完毕12h内，构件和灌浆层受到振动。有时为了赶工期，灌浆料未完全凝固，便开始上一层预制构件吊装施工，使灌浆料受到扰动而受损。

(8) 灌浆速度控制不当。若灌浆压力过大，出浆过快，可能导致局部灌浆不实，也未采取高位补浆等措施。

(9) 柱内部未设置高位排气孔，灌浆时封堵不合格，密封性不合格，造成灌浆料灌完后高度下降，灌浆不饱满。

5.3.5 后浇混凝土施工

后浇混凝土是指预制构件安装后，在节点连接区、叠合梁和叠合板后浇区以及预制梁连接处现场浇筑混凝土，以提高装配式混凝土结构的整体性。首层柱采用现浇混凝土的施工方式一般称为现浇混凝土，并非后浇混凝土。

后浇混凝土施工的核心是钢筋连接。后浇混凝土施工工艺流程为：预制柱安装就位→安装梁临时固定措施→安装节点区最下一道箍筋→安装预制梁→安装节点区其余箍筋→安装梁上部纵向受力钢筋→预制柱外露伸出钢筋定位及保护→浇筑叠合层及节点混凝土。叠合梁和节点区后浇混凝土施工完成后的状态如图 5-8 所示。

图 5-8　叠合梁和节点区后浇混凝土施工完毕

后浇混凝土施工时需满足或注意的是：

（1）后浇混凝土施工前，做好隐蔽工程验收，包括粗糙面的设置状况、钢筋和箍筋的设置是否符合要求、钢筋连接方式和锚固等。

（2）后浇区的模板工程应编制专项施工方案，保证模板具有足够的强度、刚度和整体稳定性。模板拼缝处确保严密不漏浆，还应保证模板位置和尺寸的准确性。

（3）由于节点区钢筋密集，后浇混凝土应确保振捣密实，振捣棒应从柱内底部开始，分层浇筑分层振捣，并保证混凝土内部气泡逸出。

（4）后浇混凝土浇筑过程中，要注意预制柱外露伸出钢筋在设计位置上，可采用定位板固定钢筋，同时要注意伸出钢筋的保护。

（5）混凝土浇筑完毕后，应注意及时浇水养护或喷洒养护剂养护，混凝土要保持 7d 以上湿润。

5.4 案例分析

5.4.1 工程概况

本工程的基本概况如表 5-1 所示。

工程基本概况 表 5-1

工程地址	江西省赣州市××区		
建设单位	赣州市××		
监理单位	××有限公司		
施工单位	赣州××有限公司		
建筑层数	地上 3 层，高度 13.3m	建筑面积	2349.98m^2
结构类型	装配式框架结构		
基础类型	钻孔灌注桩基础及 PHC 预制管桩基础		
装配式结构类型	楼层主体结构采用装配式混凝土框架结构，预制构件包括预制柱、叠合板和楼梯等		

本工程为装配式混凝土框架结构，其主要特点是：

（1）现场结构施工采用预制装配式方法，柱、叠合板及楼梯采用成品构件。

（2）预制装配式构件的产业化。所有预制构件全部在工厂流水加工制作，制作的产品直接用于现场装配。

（3）部分装配式结构采用套筒植筋、高强灌浆施工的新技术，将预制构件之间以及预制构件与现浇构件进行有效连接，增加了预制构件的施工使用率，降低了现浇构件的施工使用率，提高施工效率。

5.4.2 施工准备

1. 技术准备

技术准备是施工准备的核心，具体内容如下：

（1）熟悉、审查施工图纸和有关的设计资料。

（2）原始资料的调查分析。

（3）编制施工组织设计。

在施工开始前，由项目工程师召集各相关岗位人员汇总、讨论图纸问题。设计交底时，切实解决疑难问题和有效落实现场遇到的图纸施工矛盾，切实加强与建设单位、设计单位、预制构件加工制作单位以及相关单位的联系，及时加强沟通与信息联系。要向工人和其他施工人员做好技术交底，按照三级技术交底程序要求，逐级进行技术交底，特别是对不同技术工种的有针对性的交底。本工程在安装前采用BIM技术结合现场实际施工，在施工前将可能在实际操作时遇到的问题提前解决，并针对预制构件的各技术要求进行交底，保证工程施工正常有序。

2. 物资准备

在施工前同时要将装配式结构施工的物资准备好，以免在施工过程中因为物资问题而影响施工进度和质量。物资准备工作程序是做好物资准备的重要手段。通常按以下程序进行：

（1）根据施工预算、分部（项）工程施工方法和施工进度的安排，拟定材料、统配材料、地方材料、构（配）件及制品、施工机具和工艺设备等物资的需求量计划。

（2）根据各种物资需求量计划，组织货源，确定加工、供应地点和供应方式，签订物资供应合同。

（3）根据各种物资的需求量计划和合同，拟定运输计划和运输方案。

（4）按照施工总平面图的要求，组织物资按计划时间进场，在指定地点按规定方式进行储存或堆放。

3. 劳动组织准备

在工程开工前做好劳动力准备，建立拟建工程项目的领导机构，建立精干有经验的施工队组。集结施工力量、组织劳动力进场，向施工班组、工人进行施工技术交底，同时建立健全各项管理制度、管理人员组织机构。

4. 场内外准备

(1) 场内准备

施工现场做好“三通一平”，即路通、水通、电通和平整场地的准备（图 5-9），搭建好现场临时设施和预制构件的堆场准备。为了配合结构施工和单块预制构件最大重量为 6t 左右的施工需求，以及按照施工进度和现场场地布置要求，配备 25T 吊车一台，确保平均吊装每 7～8d 一层的节点，将道路与吊装区域用拼装式镀锌成品围挡划分开。

(a)　　(b)

图 5-9　道路与场地隔断做法

(a) 道路制作示意图；(b) 现场道路示意图

根据本项目预制构件体积大、重量大的施工特点，同时周围为高层建筑，给预制构件卸车、堆放带来一定的困难。若在预制构件卸车时使用汽车式起重机卸载施工，可以大大提高整个项目的施工效率，避免长时间因为构件堵塞卡车的情况。根据以往其他装配式结构项目的施工经验，使用汽车式起重机提前 2d 施工。因此，本项目预制构件使用汽车式起重机进行卸载施工。

(2) 场外准备

场外做好与预制构件相关厂家就施工计划和预制构件进场计划及时进行沟通。先请预制构件厂家到现场了解情况，了解现场道路宽度、厚度和转角等情况。施工前施工单位派遣质量人员去预制构件厂进行质量验收，将不合格的预制构件排除现场，有问题的预制构件进行工厂整改，有毛病的预制构件进行工厂修补。

5.4.3 现场施工

1. 驳运、吊装、堆场、安全防护及成品保护

(1) 驳运、吊装、堆场

预制构件由制作厂家运至施工现场后，由吊车吊至构件吊装区域内，堆放时在构件上加设枕木，场地上的构件做好防倾覆措施。

预制柱堆放场地须平整、结实，搁置点可采用木方等柔性材料。堆放好以后要采取临时固定措施，并对每个构件支架设置验收标牌，并在标牌上注明支架的限重、构件型号等信息。

框架结构中各类预制叠合板（楼梯、设备平台等）采用叠放的方式，叠放高度不得大于8层，底层及层间应采用木方支垫，支垫应平整且上下对齐。构件不得直接放置于地面上，以免构架缺棱掉角或产生断裂。

构件安装前应先检查每块进场构件的吊点是否满足起吊要求，如发现存在不符合要求的立即进行退场或整改处理。吊点周边存在蜂窝麻面或者混凝土出现裂缝时应通知预制构件厂家返厂整修。

对吊索具应做出书面台账及定期检查、验收记录。由项目部指定专人负责吊索具的管理，对零用的吊索具记入班组《吊索具管理台账》中。台账中应明确登记吊索具额定荷载、规格长度、启用日期、报废日期等相关内容，并对吊索具进行编号。安全员协助班组长对吊索具的入场保存和使用情况进行经常性检查，并做出书面检查记录。检查人员将发现的安全隐患和问题填写在备注栏中并报告班组长，班组长至少每周检查一次作业人员吊索具日常检查情况，并在检查表上签字确认。部门负责人至少每月检查一次作业人员吊索具日常检查情况，并在检查表上签字确认。

(2) 吊车选型及布置

本工程最大预制构件重量为6t左右，三层框架剪力墙结构，建筑面积为2349.98m^2，工程量小，选用25T汽车式起重机。保证最前端的起重臂起重要求达到预制构件的吊装要求。吊车进厂前应对特殊作业人员进行安全交底，必须按照审批通过的施工方案进行吊装。应急预案应参照施工方案进行应急。

(3) 高处作业、交叉作业的安全防护

高处作业人员必须持有认证的高处作业证书，并按照规定佩戴、使用安全带、防坠器等防护用品，且应满足以下要求：

① 高空作业人员必须进行身体检查，凡患有高血压、心脏病、贫血、癫痫病者以及其他不适于高空作业者，不得从事高空作业。

② 高空作业使用的工具要放在工具袋内。常用工具应系在身上。

③ 所需材料或其他工具必须用牢固结实的绳索传递，禁止用手抛掷，以免掉落伤人。

④ 凡 2m 以上悬空和无平台处作业要佩戴安全带，挂好安全带钩。有平台的要安装好防护栏杆和安全网，防止跌落。

⑤ 高处及上下交叉作业，严禁在同一断面上同时作业，材料要堆放平稳，工具应随手放入工具袋（套）内，上下传递物件禁止抛掷，严禁向下乱抛物品，以防物体打击事故的发生。

⑥ 按规定做好上部施工的上、下游两边及上下线分割带，必须设栏杆、通道及警示标志。

(4) 成品保护

构件在运输、堆放和吊装过程必须注意成品保护措施。车要启动慢，车速应均匀，转弯变道时要减速，以防构件倾覆。堆放过程中采用钢吊具，使预制构件在吊装过程中保持平衡。放置前也要在构件堆放位置放置棉纱、橡胶块或者枕木等，构件下部保持柔性。

楼梯必须单块堆放，叠放时用四块尺寸大小统一的木块衬垫。木块高度必须大于叠合板外露马镫筋和棱角等的高度，以免构件受损。同时衬垫上放置棉纱或者橡胶块，保持楼梯下部的柔性。

在吊装施工过程中，更需要注意构件成品保护。在保证安全的前提下，要使预制构件轻吊轻放。同时，在安装前先将塑料垫片放在构件微调的位置。塑料垫片为柔性结构，这样可以有效地降低预制构件的受损。施工过程中预制楼梯等预制构件需用木板覆盖保护。

2. 施工工艺

本项目主要施工工艺为：引测控制轴线→楼面弹线→水平标高测量→预制柱

逐块安装（放置控制标高垫块）→起吊、就位→临时固定→脱钩、校正→锚固筋安装、梳理→支撑排架搭设→其余构件施工（预制楼梯、叠合板、现浇楼板钢筋绑扎、机电暗管预埋）→混凝土浇捣→养护→拆除脚手架排架结构→灌浆施工（按上述工序继续施工下层结构）。

其中灌浆施工工艺进一步细化为：灌浆钢筋（下端）与现浇钢筋连接（本步骤只有在现浇首层柱与上部预制结构相连接的部位时才具有）→安放套板→调整钢筋→现浇混凝土施工→预制构件施工→本层主体结构施工完毕→高强灌浆施工。

3. 起吊设施施工

本工程设计单件板块最大重量为6t左右，采用汽车式起重机吊装。为防止单点起吊引起构件变形，采用吊具起吊就位。应合理设置构件起吊点，保证构件能水平起吊，避免磕碰构件边角。构件起吊平稳后再匀速移动吊臂，靠近建筑物后由人工对中就位。

本工程预制构件的吊点分为两种形式，一是对预制墙板采用预埋吊钩；二是在预制结构上沿预埋螺栓套筒，将带有吊环的高强螺栓拧进螺栓套筒。

4. 预制柱的施工

预制柱主要施工流程如图5-10所示。

（1）预制柱进场、编号，按吊装流程清点数量［图5-10（a）］。

（2）将逐块吊装的装配构件搁（放）置点清理，按标高控制线调整螺丝［图5-10（b）］。根据给定的水准标高、控制轴线引出层水平标高线、轴线，然后按水平标高线、轴线安装柱子下的搁置件。柱子垫灰采用硬垫块软砂浆方式，即在柱底按控制标高放置墙厚尺寸的硬垫块，然后沿柱底铺砂浆。

（3）预制柱一次吊装，坐落在砂浆垫层上。吊装就位后，采用靠尺检验挂板的垂直度，如有偏差用调节杆进行调整。按编号和吊装流程对照轴线、柱控制线逐块就位设置柱与梁、楼板限位装置［图5-10（c）］。

（4）设置构件支撑及临时固定，在施工过程中柱与柱连接件的紧固方式应按图纸要求安装。预制柱的临时支撑系统由斜向可调节螺杆组成。调节垂直尺寸时，柱内斜撑杆以一根调整垂直度，待矫正完毕后再紧固另一根，不可两根均在

图 5-10 预制柱主要施工流程

(a) 预制构件进场;(b) 按标高控制线调整螺丝;(c) 设置限位装置;
(d) 伸出钢筋底部固定;(e) 安放套板;(f) 后浇混凝土

紧固状态下进行调整。改变以往在预制混凝土结构中采用螺栓微调标高的方法，现采用约厚 10mm、15mm、20mm 等型号的金属垫片。

(5) 吊点脱钩，进行下一构件安装，并循环重复。

(6) 在所在施工楼层浇捣混凝土，混凝土强度达到设计和标准要求后，拆除构件支撑及临时固定点。

(7) 在下一层吊装施工前，要伸出钢筋底部进行固定，必要时安放套板，然后再后浇混凝土 [图 5-10 (d) ~图 5-10 (f)]。

5. 灌浆施工

(1) 灌浆准备

根据图纸和设计要求，本工程预制柱内的套筒、镀锌波纹管以及 PVC 管内插入 Φ20 或 Φ16 连接钢筋。套筒(及管内)采用灌浆机灌入高强灌浆料，使预制构件与现浇结构、预制构件与预制构件相连接。

需要准备的工具材料有：①手持式搅拌器1台，小型水泥灌浆机1台，量程为100kg的地秤1台，用于称料；②量程为10 kg的电子秤1台，用于量水，或能精确控制用水量、带刻度且容量合适的量筒（量杯）；③温度计3只（测量现场气温、水温、料温）；④30L灌浆料搅拌桶1只（严禁用铝质桶），小水桶若干，盛水及运送灌浆料；⑤竹劈子若干，供疏导灌浆料用；⑥橡胶塞若干，用于堵塞灌浆孔、溢浆孔；⑦瓦刀等工具若干；⑧准备检验灌浆料强度用试模，可选用尺寸40mm×40mm×160mm的试模。

连接要求：预制构件吊装前应清除套筒内及预留钢筋上的灰尘、泥浆及铁锈等，保持清洁干净。吊装前应将钢筋矫正就位，确保构件顺利拼装，钢筋在套筒内应居中布置，尽量避免钢筋碰触、紧靠套筒内壁，如图5-11所示。

图5-11 构件吊装前准备

吊装前应检查、记录预留钢筋长度，确保吊装时钢筋伸入套筒的长度满足设计要求，如图5-12所示。坐浆界面应清理干净，灌浆前浇水湿润，但不得残留明水。构件拼装应平稳、牢固，灌浆时及灌浆后在规定时间内不得扰动。

（2）灌浆工艺

高强灌浆料以灌浆料拌合水搅拌而成。水必须称量后加入，精确至0.1kg，拌合用水应采用饮用水，使用其他水源时，应符合《混凝土用水标准》JGJ 63—

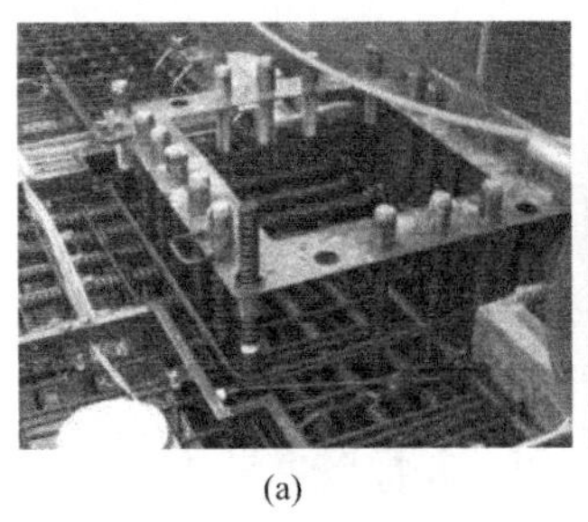

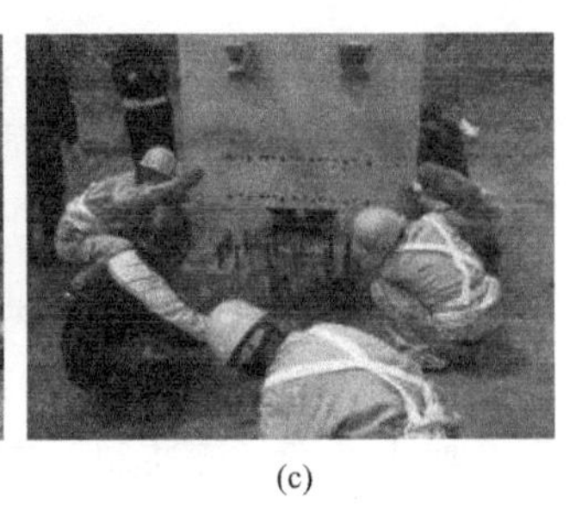

(a) (b) (c)

图 5-12　预制柱吊装

(a) 预制柱钢筋定位套板；(b) 预制柱吊装定位；(c) 连接钢筋插入套筒

2006 的规定。灌浆料的加水量一般控制在 13%～15%（重量比，灌浆料：水＝1：0.13～0.15）。根据工程具体情况可由厂家推荐加水量，原则为不泌水、流动度不小于 270mm。

高强无收缩灌浆料的拌和采用手持式搅拌机搅拌，搅拌时间 3～5min。搅拌完的拌合物，随着停放时间的增加，其流动性降低。自加水起算应在 30min 内用完。灌浆料未用完不得二次搅拌使用，灌浆料中严禁加入任何外加剂或外掺剂，如图 5-13 所示。

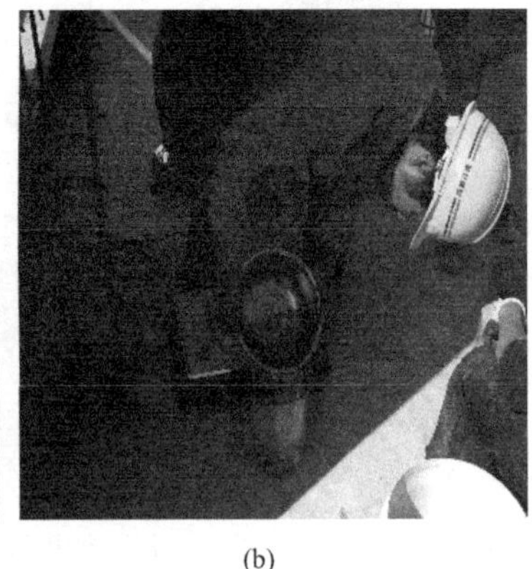

(a) (b)

图 5-13　灌浆准备

(a) 安装进出灌浆口；(b) 制备灌浆料

将搅拌好的灌浆料倒入螺杆式灌浆泵。开动灌浆泵，控制灌浆料流速在 0.8～1.2 L/min，如图 5-14 所示。待有灌浆料从压力软管中流出时，插入钢套管灌浆孔中。应从一侧灌浆，灌浆时必须考虑排除空气。不得两侧同时灌浆，容易窝住空气，形成空气夹层。

图 5-14　灌浆泵压力控制

从灌浆开始，可用竹劈子疏导拌合物，可以加快灌浆进度，促使拌合物流进模板内各个角落。在灌浆过程中，不许使用振动器振捣，确保灌浆层匀质性。灌浆开始后必须连续进行，不能间断，并尽可能缩短灌浆时间。在灌浆过程中发现已灌入的拌合物有浮水时，应当马上灌入较稠一些的拌合物。当有灌浆料从钢套管溢浆孔溢出时，用橡皮塞堵住溢浆孔，直至所有钢套管中灌满灌浆料，停止灌浆，如图 5-15 所示。

(a)　　(b)

图 5-15　灌浆工作

(a) 灌浆；(b) 封堵

拆卸后的压浆阀等配件应及时清洗，其上不应留有灌浆料，灌浆工作不得污染构件，如已污染应立即用清水冲洗干净。作业过程中对余浆及落地浆液及时进行清理，保持现场整洁。灌浆结束后应及时清洗灌浆机、各种管道以及粘有灰浆的工具。

第6章　其他预制构件施工方法

6.1　预制楼梯和阳台板

6.1.1　预制楼梯

1. 施工工艺

现阶段预制楼梯安装有两种方式，一种是下设临时支撑，吊装就位后与叠合梁板一起现浇一部分，形成现浇节点的连接，与梁板安装流程相似；另一种是利用预埋件和灌浆连接。具体施工工艺为：预制楼梯进场检查、堆放→楼梯上下口铺设20mm砂浆找平层→按施工图放线→预制楼梯吊装→就位安放→微调控位→预埋件连接并灌浆→摘钩。

2. 施工方法

（1）预制楼梯进场后，对其进行外观、尺寸、台阶数复核，确保满足设计要求。

（2）在梯段上下口的梯梁上设置两组20mm垫片并抄平，铺20mm厚M10水泥浆找平层，标高要控制准确，水泥砂浆采用成品干拌砂浆。

（3）根据施工图纸，在楼梯洞口外的梁板上划出楼梯上、下梯段板安装控制线，在墙面上画出标高控制线。注意楼梯侧面距离结构墙体预留30mm空隙，为保温砂浆抹灰层预留空间。

（4）预制楼梯起吊时，将吊索连接在楼梯平台的两端（必要时可以借助其他工具如钢扁担等，设置多个吊点），楼梯抬离地面约 300mm 时暂停，用水平尺检测、调整踏步平面的水平度，便于楼梯就位。

（5）待构件平稳时匀速缓慢地将构件吊至靠近作业层上方 200mm 的安装位置上暂停。施工人员手扶着楼梯调整方向，将构件的边线和梯梁上的位置控制轴线对齐，然后缓慢下放，如图 6-1 所示。

（6）基本就位后再用撬棍等微调楼梯板，然后校正标高直至位置正确。

（7）将梁板现浇部分浇筑完毕后吊装楼梯并按照设计固定，吊装时搁置长度至少为 75mm。主体结构的叠合梁内预埋件和梯段板的预埋件通过机械连接或者焊接连接，然后一端直接在预留孔洞［图 6-2（a）］附近灌 C40 级灌浆料进行连接并用砂浆封堵［图 6-2（b）］，另一端则在预留孔洞上部采用砂浆封堵［图 6-2（c）］。这样可以认为两端形成一端固定、一端滑动的连接。在工程实际当中，如果有地震一类的偶然荷载，支座端的转动和滑动变形能力能够满足结构层间位移的要求，以保证梯段的完整性。之后即可摘钩，预制楼梯吊装完毕，可以进行下一步的施工。

(a)

(b)

图 6-1　预制楼梯的 4 点吊装

（a）吊装；（b）定位

6.1.2 预制阳台板

1. 构造要求

预制阳台板与主体结构连接节点如图 6-3 所示，具体构造要求包括：

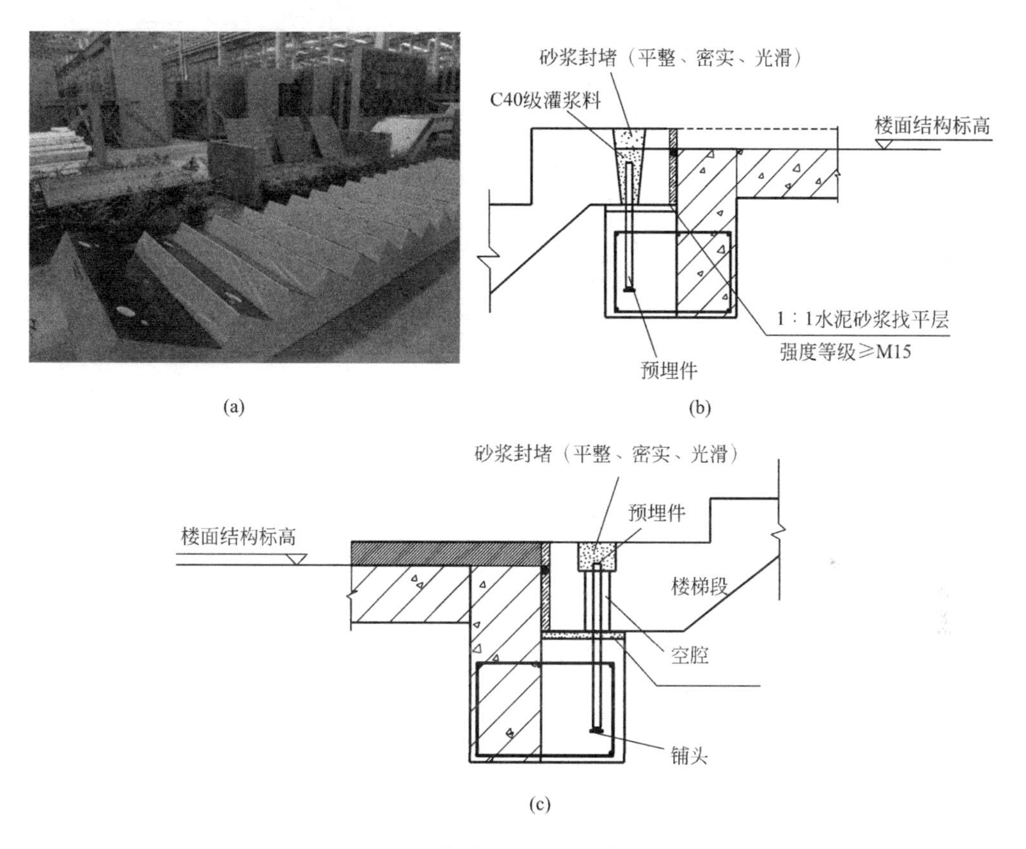

图 6-2 预制楼梯上端和下端的连接构造

（a）梯段端部预留孔；（b）梯段固定端连接构造；
（c）梯段滑动端连接构造

（1）预制阳台板与后浇混凝土结合处应做粗糙面。

（2）阳台设计时，应预留安装阳台栏杆的孔洞和预埋件等。

（3）预制阳台板安装时，需设置支撑，以防止构件倾覆。待预制阳台板与连接部位的主体结构混凝土强度达到100%的设计要求时，并在装配式结构达到后续施工承载要求后，方能拆除支撑。

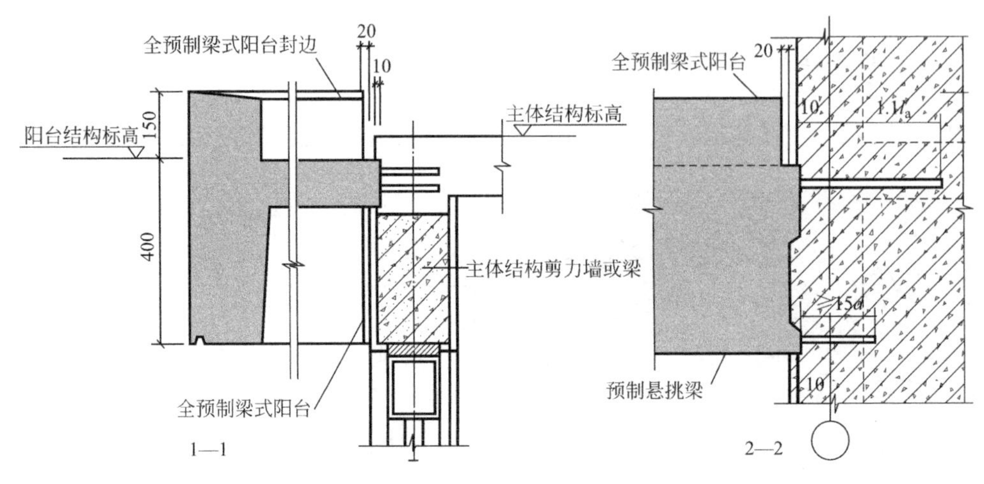

图 6-3 预制阳台板与主体结构连接节点

2. 施工工艺

预制阳台板的施工工艺主要包括：坐浆→吊装→调整→焊接→浇筑混凝土→阳台栏板安装→阳台栏板焊接。施工前需做好以下准备：

(1) 安装前应在构件和墙上弹出构件外挑尺寸的控制线及边线，校核标高。

(2) 凿出并调直阳台边梁内及走道板内的预埋环筋，并检查锚固钢筋是否符合设计和施工质量验收标准要求。

(3) 阳台的临时支撑应有足够的强度和稳定性，立撑要加剪刀撑，各层立撑应上下垂直。吊装上层阳台时，下层至少保留 3 层支撑。

3. 施工方法

(1) 坐浆

构件安装前将基层清理干净，浇水湿润，并刷一层水灰比为 0.5 的素水泥浆，随即安装，以保证构件与墙体之间不留缝隙。

(2) 吊装

构件安装前必须使每个吊钩同时受力。并仔细校核吊装位置后缓慢就位，挑出部位放在临时支撑上。

（3）调整

当阳台查验后，从上至下弹阳台栏板位置线，要求其上下位置要对齐，处于同一垂直线，同层楼板处于同一水平线上。用撬棍将构件仔细与控制线进行校核，将构件调整至正确位置，将锚固钢筋理顺就位。

（4）焊接锚固筋

将锚固环与圈梁钢筋进行绑扎，将就位的锚固筋与主体圈梁或柱筋进行焊接，焊接长度、饱满度符合焊接要求。

（5）浇筑混凝土

当办理完钢筋隐检手续后，与圈梁或楼板等混凝土同时浇筑。浇筑过程中勿碰动钢筋，混凝土要振捣密实，表面抹平，混凝土强度等级符合设计要求。

（6）阳台栏板安装

当阳台查检后，从上至下弹阳台栏板位置线，要求其上下位置要对齐，处于同一垂直线，同层楼板处于同一水平线上。

（7）栏板焊接

当栏板位置线放完后，按设计要求进行安装。要求垂直、平整，且阳台栏板缝隙不应小于 20mm 且不大于 30mm。阳台预埋铁与栏板预埋铁用不小于 $\phi8$ 的矩形箍焊接，间距不大于 25cm；板与板之间用不小于 $\phi6$ 的矩形环连接，间距不大于 25cm。焊缝质量应符合现行焊接工艺标准要求。

6.2　预制外挂墙板

预制外挂墙板根据制作不同，分为预制混凝土夹芯保温外挂墙板（简称夹芯墙板）和预制混凝土非夹芯保温外挂墙板（简称非夹芯墙板）。二者的主要区别在于中间是否有保温板。夹芯墙板是由内、外页混凝土板和中间的保温层组成，通过剪力连接件结合在一起进行受力的预制构件，非夹芯墙板则只有混凝土板。夹芯墙板和非夹芯墙板可用于围护结构，二者现场安装过程比较类似。

传统混凝土结构一般采用砌块砌筑墙作为外围护墙。与传统混凝土结构外围护墙相比，预制外挂墙板具有施工进度快、缩短工期的特点。预制外挂墙板可通过外挂的方式实现与主体结构的连接。只需将预制外挂墙板进行合理地拆分、切割，然后在工厂预制，最后运输至现场进行安装。

6.2.1 基本性能

1. 基本特点

与传统的内贴保温层或外贴保温层墙板构造相比，预制混凝土夹芯保温墙板具有低“热桥”作用、耐久性好等优点，无须进行二次保温层施工，具有良好的经济效益、社会效益和环境效益，在墙体结构中使用越来越广泛。夹芯保温外挂墙板的典型构造如图 6-4 所示。

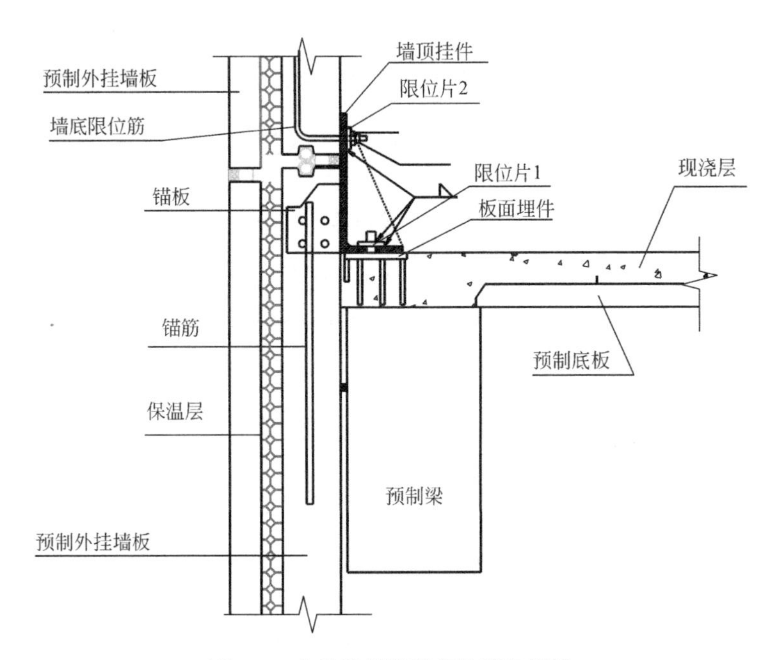

图 6-4　夹芯墙板的节点构造和接缝

评价夹芯墙板的性能有两个方面：一是墙板的保温隔热性能；二是墙板的结构力学性能。保温隔热性能主要与墙板材料的传热性能和热惰性指标有关。由于夹芯墙板有内页板、外页板、夹芯层三层材料，需要通过连接件将其连接成整体。

夹芯墙板中间的保温材料可采用聚苯乙烯泡沫保温板（EPS）或挤塑聚苯板（XPS），其隔热性能好，一般不存在问题，关键在于连接件的使用。连接件可以采用金属式（如不锈钢）和纤维类（如玻璃纤维，GFRP），如图 6-5 所示。

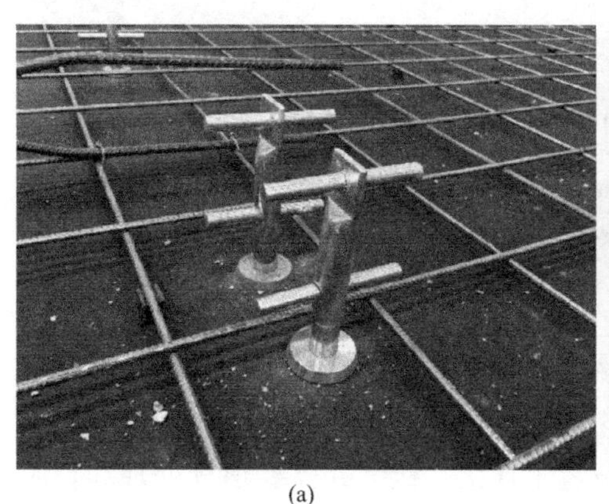
(a)

(b)

图 6-5　GFRP 连接件

(a) 金属连接件；(b) GFRP 连接件

需要注意的是，金属式连接导热性能好，但容易在连接部位产生“热桥”（也称为“冷桥”）现象。玻璃纤维连接件的隔热性能与保温材料比较类似，不会有“热桥”的问题。

夹芯墙板自身也要承受自重、风荷载、地震作用和温度作用等荷载。因此，墙板的结构性能也要满足基本要求，包括承载能力极限状态和正常使用极限状态的要求。影响夹芯墙板的性能主要两个因素，一是剪力连接件的性能，包括与墙板内混凝土和钢筋的粘结和锚固；二是墙板与主体结构的连接，在现场施工安装过程中，尤其要确保连接可靠。

2. 构造要求

墙板除了满足保温隔热和结构力学性能外，还应具有与主体结构相适应的变形要求。另外，由于夹芯墙板作为外围护系统，在施工过程中，尤其要注意墙板之间接缝的处理。因此，要熟悉夹芯墙板节点处的连接做法，墙板水平接缝和竖向接缝处满足保温、防火、防水以及工艺美观等的构造要求，施工时要严格按照设计和标准要求，如图 6-6 所示。

外挂墙板与主体结构的连接主要有点支撑和线支撑两种方式。按照装配式结

(a)

(b)

图 6-6 外挂墙板施工关键措施

(a) 墙板与主体连接；(b) 水平缝和竖向缝的处理

构的装配工艺分类，应该属于干作法，或者干连接。接缝处需要填缝处理和打胶密封。

外挂墙板的接缝一般设置 3 道防水处理，一是密封胶，二是构造防水，三是气密防水（止水条）。

6.2.2 施工工艺

1. 施工准备

（1）编制外挂墙板的专项安装方案，选择合适的吊装设备，确定吊装方案，并调试好设备。

（2）外挂墙板一般通过连接装置“挂”在主体结构（一般为梁或柱）中。因此，主体结构在施工过程中，应将连接装置提前进行预埋。预埋过程中要保证装置在设计位置上，并应进行验收，其施工误差范围要满足《混凝土结构工程施工质量验收规范》GB 50204—2015 的要求。外挂墙板在吊装前，还应对连接装置进行复测，使墙板与主体结构接口相匹配。

（3）外挂墙板、墙板内部连接件、接缝（板缝）用胶等相关材料，在安装前都应进行检查验收，验收合格后才能使用。

（4）外挂墙板运至现场后，应采取保护措施。

（5）外挂墙板与主体连接的好坏，直接关系到墙板的安全。因此在安装前应对施工安装人员做好安装技能培训，安装前施工管理人员要做好技术交底和安全交底。

2. 外挂墙板的安装与固定

（1）为熟悉安装流程，正式安装前应进行试安装，以便在安装前发现存在的问题，及时调整。

（2）外挂墙板应该按顺序分层或分段吊装，吊装应控制慢起、稳升、缓放。墙板起吊于安装点附近后，采用缆风绳控制构件移动；吊装过程中应防止构件倾斜和摆动，保持平稳。

吊装过程要采取保证构件稳定的临时固定措施，其要求有：

① 以中线为主，调整墙板侧面中线及板面垂直度。

② 以竖向接缝为主进行竖向校正。

③ 相邻墙板若出现厚度不同、内外不平整，安装时尽量保持墙板外侧墙面平整。墙内侧面可通过装饰对齐。

④ 以阳角为基准校核相邻墙板。

⑤ 以楼地面水平线为基准校正墙板接缝平整度。

（3）对于隐藏在墙内的连接节点必须做好检查验收，并在施工过程中及时做好隐蔽工程查验记录。

（4）外挂墙板均为独立自承重构件，与主体结构的变形相适应，为防止相邻墙板随主体结构变形而发生碰撞等问题，墙板之间的接缝应确保为弹性密封构造，安装时不允许在接缝中放置硬质垫块，防止接缝和墙板破坏，出现渗水或漏水现象。

（5）外挂墙板与主体节点连接处的装置大多为钢材，有些通过焊接连接，有些通过螺栓连接，都应注意防锈。焊缝镀锌层须涂刷三道防腐涂料，有防火要求的金属连接件需刷防火涂料。

（6）外挂墙板安装质量应符合尺寸允许偏差验收标准。

3. 接缝处理

（1）防水处理要求

① 预制外墙板连接接缝防水构造必须符合设计要求，以保证接缝可靠的构造防水要求。

② 墙板接缝处注胶工艺对技术要求比较高，施工前注胶施工人员应经过专业培训且合格后才可正式施工。

③ 外墙板外侧水平接缝和竖向接缝的防水密封胶封堵前，侧壁应清理干净，保持干燥。嵌缝材料应与挂板牢固粘结。

（2）打胶

① 接缝防水密封胶的注胶宽度必须大于厚度，并符合生产厂家说明书的要求，墙板吊装并通过节点连接件固定后，先安放填充材料，然后注胶。防水密封胶应均匀、顺直、饱满、密实，表面光滑、连续。有防火要求的接缝，应采用A级防火材料。

② 为防止密封胶施工时污染板面，打胶前应在板缝两侧粘贴防污胶条，注意保证胶条上的胶不得转移到板面。

③ 外墙板“十”字缝处300mm范围内水平缝和垂直缝处的防水密封胶注胶要一次完成。

④ 接缝防水施工应在注胶前保持干燥状态，不允许在冬期气温低于5℃或者雨天进行防水施工操作。

⑤ 外墙板接缝的防水性能应符合设计要求。同时，每1000m^2外墙面积划分为一个检验批，不足1000m^2划分为一个检验批；每100m^2应至少抽查一处，每处不得少于10m^2。对外墙板接缝的防水性能进行现场淋水、喷水试验，观察有无渗水。

⑥ 接缝注胶附近需要做防护处理，防止胶污染墙体表面，可以通过在接缝两侧粘贴胶带的方式进行处理。

6.3 装配式斜屋面叠合楼板

在装配式混凝土建筑屋顶设置斜屋面，可增加建筑的美感，且有效解决屋面漏水，提高屋顶的使用空间和隔热保温性能，但同时提高了施工难度，施工工艺较为复杂。当前根据坡度大小的不同，斜屋面施工方法主要包括单面模板法和双面夹板法，但在浇筑混凝土时，混凝土会滑动流淌并造成局部离析的质量问题。目前对于装配式混凝土结构中采用叠合楼板的斜屋面施工方法研究较少。

6.3.1 基本性能

1. 基本特点

（1）装配式叠合楼板预制时需将各外伸主筋端头进行弯钩处理，并采用塔式起重机和汽车式起重机共同施工。吊装前需放置在可调角度机具上，起吊前将其倾斜至斜屋面安放时的角度，再对倾斜后叠合楼板进行起吊，使其与在斜屋面上倾斜一致。

（2）装配式叠合楼板施工操作人员必须系好安全带，并穿好防滑鞋；外脚手架顶楼走道上需铺钢网片防护。安装铺设时，总体按照从低标高向高标高处进行，采用左右对称布置，利用叠合楼板的自重抵消不平衡力。

（3）装配式叠合楼板定位后，主筋弯钩与斜屋面主梁纵筋钩住并焊接，同时附加 ϕ10 钢筋焊接牢固，以初步固定斜屋面楼板。在叠合楼板两侧采用 ϕ8 钢筋将板桁架钢筋和主梁钢筋焊接牢固并形成整体，防止板往下滑动后移位。

2. 工艺原理

装配式斜屋面叠合楼板按斜屋面大小分段制作、分段吊装和分段安装。当斜屋面超出塔式起重机吊装范围内的，采用汽车式起重机进行吊装。吊装前，在斜屋面上按控制轴线和控制水平线画出叠合楼板位置，并将地面上的楼板放置在调角度机上调整与屋面坡度相同后方可起吊。采用屋面从低标高向高标高、左右对称布置方式将叠合楼板落位后，两侧采用 ϕ8 钢筋将板桁架钢筋和主梁钢筋之间焊接连接，由此将所有叠合楼板固定成整体。

3. 施工工艺

装配式斜屋面叠合楼板施工工艺主要包括：施工准备→设备选型→楼板制作和运输→脚手架、模板安装→弹线定位→主梁钢筋布置→叠合板吊装→叠合板定位→叠合板固定→楼板钢筋布置→混凝土浇筑→支模架、脚手架拆除→屋面防水处理。主要工艺流程如图 6-7 所示。

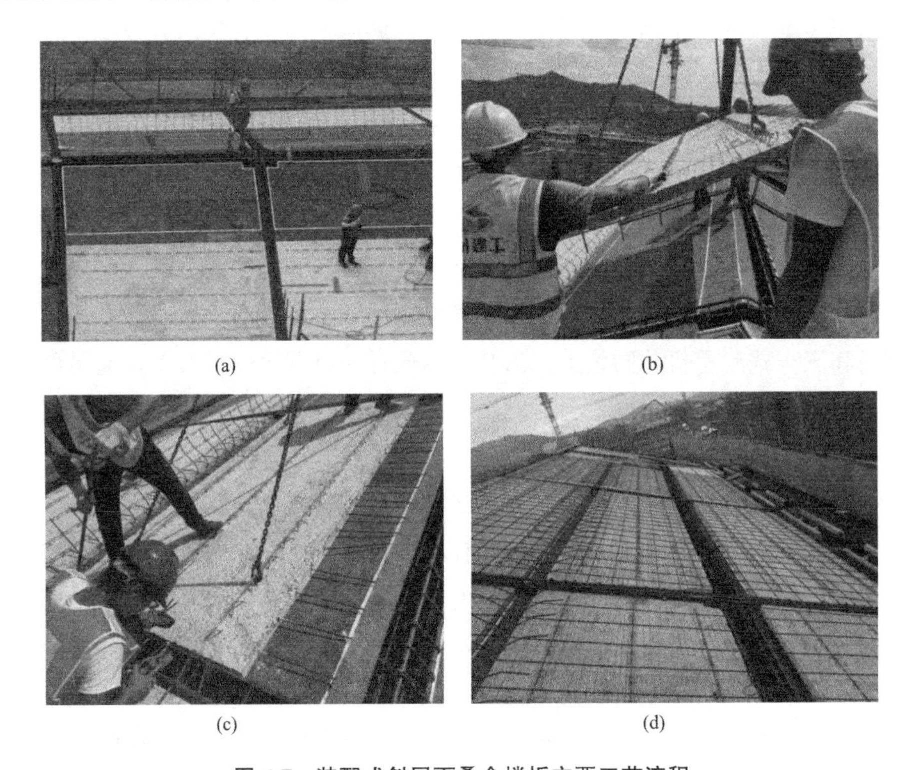

图 6-7 装配式斜屋面叠合楼板主要工艺流程

(a) 弹线定位；(b) 叠合板吊装；(c) 叠合板固定；(d) 楼板钢筋布置

6.3.2 操作要求

1. 设备选型

(1) 根据工程概况及结构特点，拟建建筑物位于塔式起重机吊装范围内采用塔式起重机吊装，位于塔式起重机吊装范围外的采用汽车式起重机施工。

(2) 依据图纸设计、定位位置以及必须满足的最远距离和起重量，选择合适的塔式起重机。其中，塔式起重机服务半径内不得有障碍物，电缆预留长度需考虑建筑物高度及塔机与配电箱的距离。

(3) 在塔式起重机吊装范围外，采用汽车式起重机吊装。汽车式起重机施工场地需采用石渣铺设不小于6m宽的施工便道。

2. 制作和运输

(1) 构件制作。装配式叠合楼板工厂制作时，需将各楼板外伸主筋端头进行弯钩处理。

(2) 构件运输。装配式叠合楼板运输选用低平板车，并采用专用托架，构件与托架绑扎牢固；采用平放运输，堆放层数不超过6层。

(3) 构件存放。装配式叠合楼板运输到现场后，应按照型号、构件所在部位、施工吊装顺序分别设置存放场地，存放场地应在塔式起重机或汽车式起重机工作范围内。

(4) 构件堆放要求。装配式叠合楼板现场采用水平堆放，底部支架应有足够的刚度，以防止倾倒或下沉；保证堆场排水良好，防止构件产生裂纹和变形。装配式叠合楼板之间宜设宽度为0.8～1.2m的通道。按型号码垛，每垛不超过6块，每垛之间宜设宽度为0.8～1.2m的通道。根据受力情况选择支垫位置，最下边一层垫木通长，且层与层之间垫平、垫实。各层垫木必须在同一条垂直线上。

3. 脚手架与模板安装

(1) 因斜屋面安装操作的需求，需搭设钢管脚手架，斜屋面坡度的存在使底部架体由两侧向中间增高，步距、施工荷载取值及分层满足起吊操作面的需求。

(2) 脚手架采用轮扣式脚手架，立杆长度为2.5m，纵横间距为800mm，步距1500mm。距地面200mm满设扫地杆。顶托采用550mm长、直径为36mm的型号；顶托上采用50mm×80mm的木方作为横梁连接，木方摆放方向与叠合板预应力钢筋方向垂直。

(3) 模板底标高复核。层横杆搭设完成后必须拉通线校核架管上表面标高，通过调节顶托丝杆使木方上表面与叠合板底标高一致。为了保证叠楼合板受力均匀，需检查模板与立杆顶部是否处于受力状态，确保立杆与模板之间无空隙。

(4) 外脚手架顶楼走道上需铺钢或竹网片防护，以保证斜屋面施工人员安全。

4. 装配式叠合板吊装

（1）叠合板吊装前应将支座基础面及楼板面清理干净，避免点支撑。待板底支模复核校正完成后，方可吊装叠合楼板。

（2）叠合板吊装前，应将斜屋面中各现浇混凝土梁的纵筋和箍筋绑扎定位。

（3）吊装前在模板四周粘贴 2cm 宽海绵条，防止叠合楼板与模板接触面存在空隙漏浆。

（4）叠合板长≤4m 时采用 4 点挂钩，每个吊钩所吊重量不超过 800kg；4m＜叠合楼板长≤6m 时采用 8 点挂钩，每个吊钩所吊重量不超过 700kg。吊钩或卸扣对称（左右、前后）固定于桁架纵向与腹筋的焊接位置，并确保各吊点均匀受力，如图 6-8 所示。

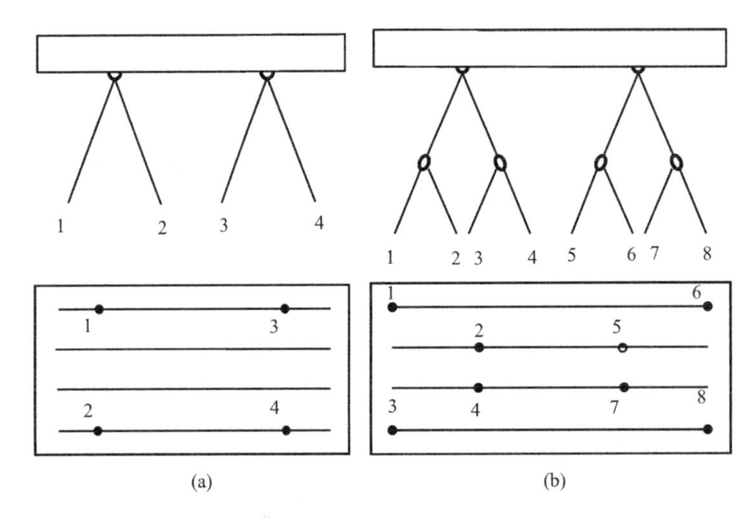

图 6-8　装配式叠合楼板吊点布置示意图

（a）叠合板长≤4m；（b）6m≥叠合板长＞4m

（5）吊具采用可调节吊具，吊装索链采用 4 个专用闭合吊钩，平均分担受力，多点均衡起吊，单个索链长度为 3～4m。

（6）由于斜屋面存在坡度，装配式叠合板在吊装前需要放置在可调角度的机具上，在起吊前将叠合板倾斜至斜屋面安放时的角度，然后再对倾斜后的叠合板进行起吊，并保持其起吊过程中的状态与在斜屋面上安放时的倾斜状态一致。

（7）先试吊，吊起距离地面50cm处停止，检查受力是否均衡、是否保持水平，再吊至作业层上空。在作业层上空30cm处停顿，手扶叠合板调整方向，停顿慢放，严禁猛放。

（8）装配式叠合楼板的安装铺设顺序总体按照从低标高向高标高处进行，采用左右对称布置，利用叠合板的自重抵消不平衡力，即按照如图6-9所示的1→2→3→4顺序进行安装。

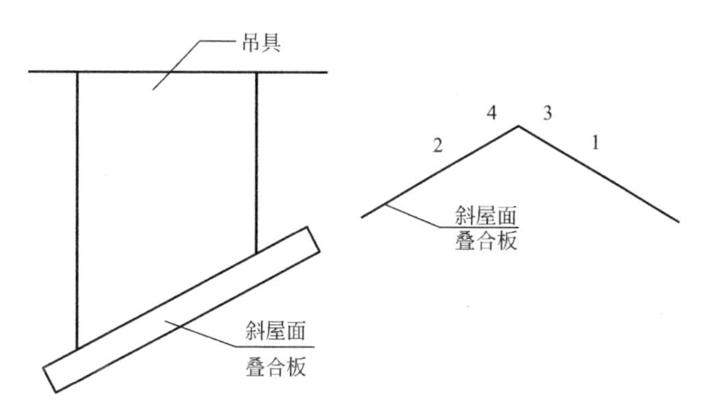

图6-9　装配式叠合板安装铺设顺序

5. 装配式叠合板定位

（1）顶托上木方和模板均不应翘曲，与叠合楼板接触面应平整光滑。

（2）根据控制轴线和控制水平线，依次规划装配式叠合楼板放置区域，误差需小于3mm。

（3）当斜屋面沿坡面长度大于4m且需要设置2块装配式叠合楼板时，叠合楼板与叠合楼板长边拼缝为300mm。

（4）落位：根据构件编号及构件标识方向进行落位。

6. 装配式叠合板固定

（1）将斜屋面中各现浇混凝土梁的纵筋和箍筋按要求布置。

（2）在斜屋面上画出装配式叠合板的安装位置，并将叠合楼板吊装在指定位置。

（3）在叠合板两侧分别用1ϕ8钢筋将叠合板桁架钢筋和主梁钢筋焊接牢固，

形成整体，防止板往下滑动后移位，焊接完毕后应再次确认板的位置，保证准确无误。

（4）叠合板两侧附加钢筋上、下端绕过板底桁架钢筋及主梁钢筋两端弯折后焊接。

（5）纵向叠合板与叠合板伸出的钢筋应焊接牢固并附加 2ϕ10 钢筋，如图 6-10 所示。

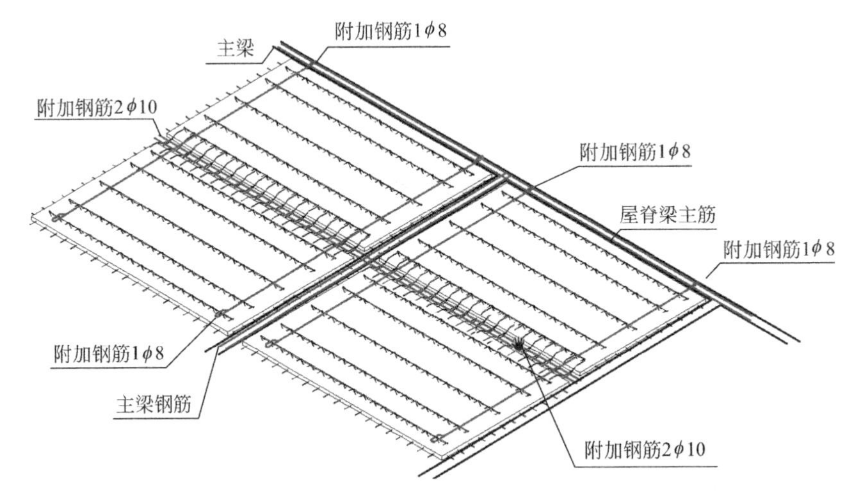

图 6-10　装配式叠合板各侧板固定示意图

（6）装配式叠合板底接缝高低差校核：吊装完成后必须由专人对叠合板底拼缝高低差进行校核，拼缝高低差不大于 3mm。

（7）装配式叠合板施工操作人员必须系好安全带，并穿好防滑鞋。

（8）叠合板钢筋与主梁钢筋焊接，以防止叠合板滑落。

（9）叠合板固定后，复核构件的水平位置、标高、角度，使误差控制在设计和标准允许范围内。随后调整取钩。

（10）在叠合楼板上方布置上层纵筋，并浇筑坍落度大于 100mm 的流动性混凝土。待现浇结构强度达到 100%后，叠合板模板、支撑架方可拆除。

（11）在装配式斜屋面叠合板上做防水处理。

6.3.3 安全措施

(1) 六级及以上大风或雷雨天气不准在屋面作业。安装场地应清理干净，并有标志杆围起来，禁止非工作人员入内。

(2) 防止安装地点上方掉落物体，必要时加装安全网。吊装期间地面警示标志和地面预警人员配备到位。

(3) 安装过程中必须有专人负责统一指挥，互相配合，严格遵守安全操作规程，做到安全文明施工。安装作业人员应按空中作业的安全要求，包括必须佩戴安全帽、系安全带、穿防滑鞋等，不要穿过于宽松的衣物，应穿工作服，以免被卷入运行部件中发生安全事故。

(4) 特种作业人员必须经过专业的安全作业培训，并取得资格证书持证上岗。对所有作业人员进场、转岗人员进入施工现场进行有针对性的安全教育培训；安全技术交底齐全，配备足够数量的专职安全生产管理人员。

(5) 按规定编制施工安全事故应急预案，并按规定组织演练；在施工现场公示重大危险源，并落实专人管理。

(6) 凡需使用电焊机时，必须做好防火措施，专人监视，配备灭火器，作业后认真检查，确认无火种隐患后方可离场。

(7) 高空作业严禁抛掷材料、配件、工具，严禁上下交叉作业。每一处临边都应有防护措施，防护符合要求；“三宝四口”有专项施工方案。

(8) 塔式起重机安拆方案的制定与实施、安拆人员资格等情况良好。安拆单位及人员具备相应资质，按照要求制定和实施塔式起重机机械设备安拆方案，并按照安拆方案进行操作。

(9) 塔式起重机、汽车式起重机等设备经检查完好，安全操作规程齐全且设备验收合格后方可使用。施工现场多台起重设备交叉作业时，制定有效的防碰撞措施。

(10) 安装完毕，自检合格后，经有资质的检测机构检测合格后，再经监理单位、总包单位验收合格、办理备案登记后方可使用。

6.4 装配式剪力墙竖向连接铝模板

剪力墙作为荷载竖向传递及横向抗剪的重要结构，更要进行牢固可靠地连接。对于预制剪力墙构件竖向连接部位，传统木模板周转率低，现场加工浪费严重，难以保证浇筑混凝土的外观、质量，容易出现错层、涨模、阴阳角尺寸控制不准等质量通病，需要二次结构施工修补。通过数字化技术对预制剪力墙构件铝合金模板（简称铝模板）预留孔精确定位以及铝模板标准化、模数化优化设计，铝模板预拼装进行三维数字化模拟施工，优化铝模板支撑设计。

6.4.1 基本性能

1. 基本特点

（1）节约成本：铝模板模数化、标准化设计，周转使用率高，平均使用成本较低。

（2）提高精度：建筑结构、铝模板整体建模，根据铝模板模型在预制剪力墙构件上精准定位铝模板预留孔，保证铝模板现场安装精准对位，避免对预制构件二次开孔影响结构。

（3）提高质量：铝模板稳定性好、承载力高、刚度大，能够有效避免混凝土胀模和蜂窝麻面等质量问题。相比木模板，铝模板施工精度和拼缝精度更高。拆模后混凝土表面平整光洁，混凝土成型质量高，可达到免抹灰的程度，提高了混凝土成品质量。

（4）操作方便、安全可靠、节约工期：铝模板系统为快拆模系统，安装、拆除操作方便，有效提高了工人工作效率和施工进度，缩短了工期。

（5）绿色环保：铝模板所有材料均为可再生材料，符合对建筑项目节能、环保、低碳、减排的规定。

2. 工艺原理

预制剪力墙构件之间竖向连接部位采用标准化设计铝模板施工，相邻铝模板由销钉销片连接，预制构件与铝模板采用对拉螺杆和背楞紧固连接成一个整体，在墙柱立模下部使用角铝预留10mm施工可调缝以便调节铝模板标高，如图6-11所示。

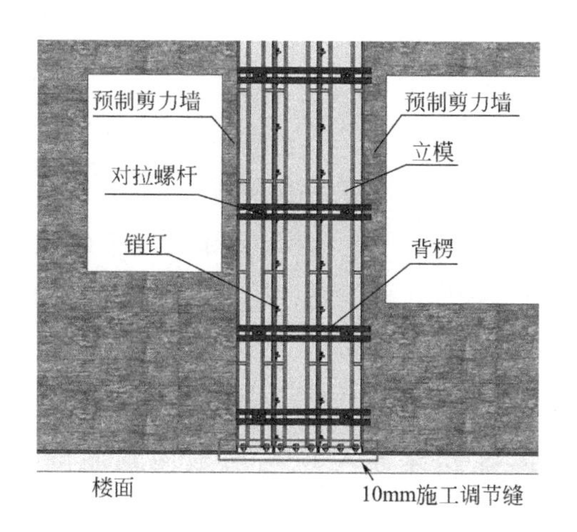

图6-11 铝模板工艺原理图

3. 施工工艺

装配式剪力墙结构连接处铝模板施工工艺见图6-12，主要包括：施工准备→深化设计→测量放线→预制剪力墙安装→竖向连接部位钢筋绑扎→竖向连接部位铝模板安装→铝模板校核→混凝土浇筑→铝模板拆除→剪力墙铝模板连接孔封堵及防水处理。

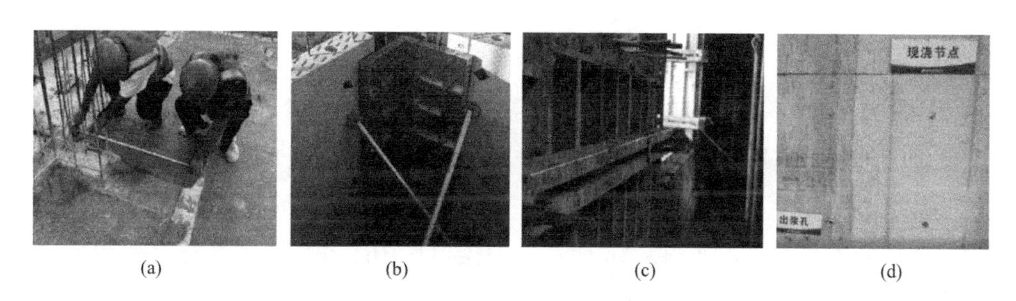

图6-12 铝模板施工工艺流程

(a) 测量放线；(b) 铝模板安装；(c) 铝模板校核；(d) 成品

6.4.2 操作要求

1. 前期准备

(1) 方案选型

铝模板体系是由面板系统、支撑系统、紧固系统和配件系统四部分组成的具有完整的配套模板系统，适用于不同结构的模板系统。铝模板作为一种新型模板系统，具有施工质量好、标准化程度高、经济效益优良、绿色环保和稳定性突出等优势，符合绿色建筑施工核心理念。

考虑结构体型特点及施工进度要求，采用铝模板施工，铝模板统一从装配层开始施工，采用可调钢支撑和早拆模技术。

(2) 施工准备

① 工程施工前编制铝模板专项施工方案和铝模板施工安全技术交底，制作铝模板工艺流程数字化模拟施工视频。

② 工程施工前组织施工人员和铝模板安装人员熟悉设计图纸、了解铝模板施工工艺流程并进行安全技术交底。

③ 结合工程实际施工特点，按照施工进度计划编制预制剪力墙构件、铝模板进场计划和材料机械进场计划，合理配置施工作业人员，保证后期施工有序进行。

2. 深化设计

(1) 铝模板预拼装深化设计。创建铝模板模型进行预拼装和深化设计，将预制剪力墙构件上连接孔距边尺寸控制在 150mm，使铝模板达到标准化、模数化设计要求，以便在不同户型、不同项目中可以重复使用，提高铝模板周转使用率和铝模板最大利用率，如图 6-13 所示。根据设计图纸和施工方案进行铝模板施工模拟；利用 BIM 对预制剪力墙阴阳角接缝进行铝模板深化设计，保证阴阳角位置施工精度。

(2) 铝模板底部施工调节缝设置。如图 6-14 所示，在铝模板底部预留 10mm 施工调节缝，以便在空间上解决因施工误差造成铝模板无法准确安装的问题。在

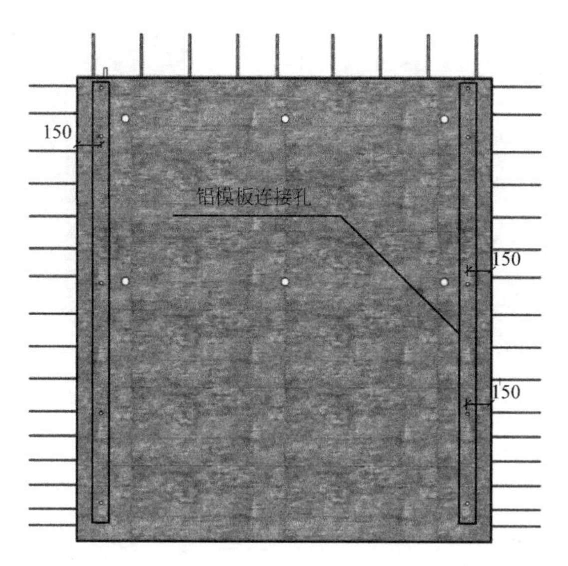

图6-13　预制剪力墙150mm距边定位图

混凝土浇筑前，使用砂浆封堵施工调节缝。

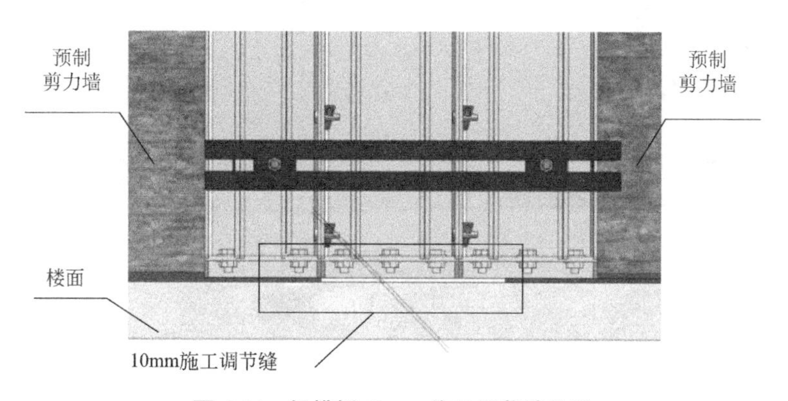

图6-14　铝模板10mm施工调节缝设置

（3）预制剪力墙铝模板连接孔定位。如图6-15所示，创建预制剪力墙模型，检查构件深化设计图纸，对预制剪力墙铝模板连接孔进行精准定位，避免竖向连接部位处铝模板连接预埋孔与钢筋、预埋管线碰撞。若发生碰撞，由铝模板设计单位对铝模板连接孔位置进行调整。

（4）铝模板支撑优化设计。如图6-16所示，预制剪力墙构件与铝模板拼装进行BIM碰撞分析，对铝模板支撑进行优化调整。装配式构件支撑与铝模板支

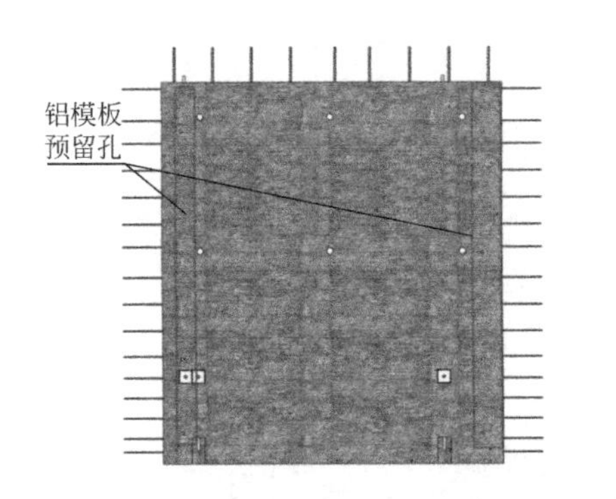

图 6-15　铝模板连接孔精准定位图

撑净距不小于 100mm，以避免碰撞影响安装施工。

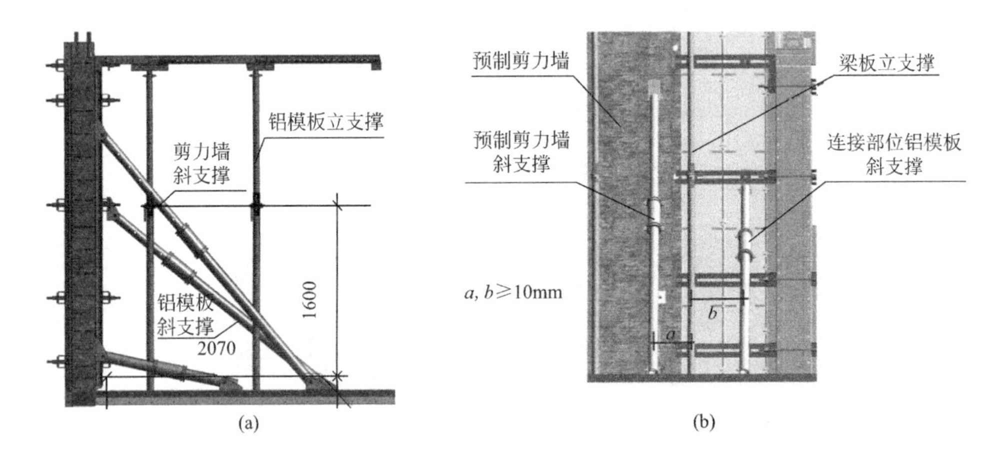

图 6-16　铝模板支撑侧视图和优化图

（a）侧视图；（b）优化图

3. 测量放线

（1）根据《工程测量标准》GB 50026—2020 的规定，在楼层内预留放线孔，用激光铅垂仪投放楼层放线控制点，使用测量仪器放出轴线控制线、墙柱位置线、铝模板安装控制线、墙柱辅助定位线、轴线和梁位置线。一般由项目部放线，构件吊装班组、铝模板拼装班组进行复线。

（2）在剪力墙四角及转角处设置楼层标高控制点，标高控制点为楼层＋0.500m，以便检查楼层内标高。

4. 预制构件安装

吊装前对进场构件进行验收，确认无误后进行预制剪力墙构件吊装。预制剪力墙构件安装无误后，用激光水平仪检查构件平整度、垂直度，并通过构件斜支撑进行调整。调整无误后进行灌浆作业。

5. 钢筋绑扎

按照施工图纸对预制剪力墙竖向连接部位进行钢筋绑扎，钢筋搭接应严格按照设计图纸和钢筋相关图集标准要求。经监理单位验收无误后进行下一工序施工。

6. 铝模板安装

（1）铝模板安装前应将其表面清理干净，涂抹适量水性或乳液型隔离剂，严禁使用油性隔离剂。

（2）依据墙定位控制线，从端部封板开始，两边同时逐块定位安装，并使用临时支撑固定。销钉按300mm间距安装，墙柱铝模板必须满打销钉。销钉应自上而下插入，安装时确保铝模板无空隙，避免漏浆。

（3）在铝模板与预制构件接缝处粘贴橡胶条或泡沫胶条，以防漏浆。

（4）对拉螺杆穿过预制剪力墙上预留模板孔，通过拉紧背楞的方式对连接处铝模板紧固，使铝模板与预制构件形成一个整体。

（5）为减少预制构件安装偏差导致铝模板无法安装的情况，在铝模板下部安装角模，预留10mm施工可调缝隙以便铝模板安装微调。

（6）在墙柱模板对拉螺杆位置，需将与墙厚度相等的PVC套管套住对拉螺杆，对拉螺杆穿过对应模板孔。PVC套管两端应与模板面紧密接触无缝隙。当钢筋与对拉螺杆碰撞时，应采取调整钢筋位置、在铝模板上重新开孔等方式解决。

（7）背楞安装时应采取自下而上、先外墙后内墙的安装顺序进行安装。背楞间距不应大于800mm，底部第一道背楞距离楼面不应大于300mm，顶部最后一道背楞距离楼板距离不应大于700mm。

（8）阴阳角部位铝模板安装时，应按照先阴角部位后阳角部位的顺序安装。

阴阳角位置背楞必须水平连接，阴角位置背楞严禁断开，应采用直角背楞；阳角背楞断开处采用槽钢与45°对拉螺杆连接成一个整体；对拉螺杆间距应小于800mm。

（9）每安装一道背楞，必须安装铁片和螺母，铁片应与对拉螺杆垂直，随后紧固螺母。

（10）同一节点部位，铝模板斜支撑杆间距不应大于2m，应在下层楼面浇筑前做好支撑预埋。铝模板支撑应与预制剪力墙斜支撑错开，二者错开距离应不小于100mm，以免影响安装施工。

（11）梁板铝模板安装完成后进行下一工序施工。

7. 铝模板校核

（1）铝模板安装完成后应检查墙柱销钉是否有遗漏和未紧固；背楞是否水平紧靠模板；螺母是否紧固可靠；斜支撑是否牢固、受力；可调支撑应垂直、无松动。

（2）使用激光水平仪对墙柱铝模板平整度、垂直度进行检查，将平整度误差控制在标准范围内。如有偏差，通过铝模板斜支撑进行调整，并记录检查情况。

（3）调整无误后使用水泥砂浆对铝模板底部10mm施工可调缝隙进行封堵。

8. 浇筑混凝土

混凝土浇筑前，对连接处铝模板紧固情况再次进行检查加固。混凝土浇筑过程中，严格按照混凝土施工方案和混凝土标准进行浇筑并养护。

9. 铝模板拆除

（1）应按照先拆斜撑、背楞，再拆墙侧模，最后拆除梁板模板的顺序进行铝模板拆除。

（2）当混凝土强度达到1.2MPa时，方可拆除竖向连接部位处铝模板。

（3）铝模板拆除时应及时清理混凝土残渣，避免模板面混凝土残渣积累。

（4）铝模板拆除后应逐件传递到楼层面并堆放整齐，不得随意抛弃。

10. 连接孔封堵

（1）对剪力墙铝模板连接孔进行清孔处理并验收，确保孔内及孔口干净整洁。

（2）内墙使用水泥砂浆进行初步封堵，待凝固后进行外墙封堵。

（3）外墙使用砂浆枪将防水砂浆注入孔内，用抹刀将孔抹平。待防水砂浆凝固后，按照图纸要求进行防水处理。施工完成后进行外墙重复淋水试验并记录，确保无渗漏。

6.4.3　安全措施

（1）对施工作业人员进行技术培训和安全教育，使其了解铝模板施工工艺，熟悉工艺流程和具体操作方法、规范条文以及本岗位的安全技术操作规程，严格按照操作规程施工作业，未通过考核的人员不能上岗作业，特种作业人员必须持证上岗。

（2）现场施工人员必须佩戴安全帽，高空作业人员必须系安全带、穿防滑鞋。铝模板支设过程中，作业人员不得从支撑系统上下。铝模板搭设、拆除和混凝土浇筑期间，无关人员严禁进入支模底部，并由施工员和安全员在现场监控。

（3）铝模板的装拆和运输应轻放，严禁摔砸，严格控制施工荷载，上料要分散堆放，在支撑过程中必须先将一个网格的水平支撑及斜撑安装好，再逐渐向外安装，以保证支撑系统在安装过程中的稳定性。严禁在外防护架上堆放材料。墙柱模板在安装对拉螺杆前，板面应向内倾斜并固定。边模支设时应严格按照铝模板施工作业要求进行安装。

（4）装拆模板时，模板上下时应有人接应，随拆随运，并应把活动部件固定牢固，严禁堆放在脚手板上和抛掷。

（5）高处作业周边及预留洞口必须进行安全防护。

（6）混凝土浇筑过程中，操作人员必须注意自身安全防护，由于底板钢筋悬空较高，需防止踩入钢筋网片等造成人员伤害事故。

（7）混凝土浇筑过程中天气炎热时，注意做好防暑降温工作，储备充足的防暑物品，保证茶水的足够供应。

（8）混凝土浇筑用电线路必须专人巡视检查，防止短路、漏电现象发生。

6.5 下套筒灌浆连接

钢筋套筒灌浆连接是装配式混凝土结构中受力钢筋的主要连接方式之一。目前针对上套筒灌浆连接进行了比较多的研究，而针对下套筒灌浆连接的研究却相对较少。上套筒灌浆连接中可能存在灌浆饱满度不够的问题，进而影响连接的承载力。下套筒灌浆连接中套筒内灌浆饱满度可以满足要求，且无须检测。下套筒灌浆连接为我国装配式混凝土结构构件提供一种新型的现场施工工艺。

6.5.1 基本性能

(1) 下套筒灌浆连接主要应用于底层柱底与现浇基础之间。在向灌浆套筒内注入灌浆料后，将预制柱对准并插入预埋下套筒中，灌浆料由于重力作用可自密实并填满整个套筒，保证钢筋、套筒和灌浆料三者的可靠连接，且无须检测。

(2) 现浇基础中的预埋灌浆套筒应及时清理，保证灌浆套筒内部不能有对灌浆料有影响的固体杂物或其他液体，否则将会影响倒插法钢筋与灌浆料、灌浆料与套筒之间的连接质量。

(3) 预制柱吊装过程中，吊装速率会影响下套筒灌浆连接的承载力。预制柱中钢筋倒插速率越小，其整体变形越小，其抗拉能力越大，有利于钢筋、套筒和灌浆料三者之间的连接，由此提高其承载能力。

6.5.2 施工工艺

下套筒灌浆连接中，应先在预制构件厂完成预制柱的加工并运输至施工现场，再在现场完成结构基础的现浇工作。根据下套筒灌浆连接构造的特点，设计了下套筒灌浆连接施工工艺，如图 6-17 所示。主要包括：

(1) 柱在构件厂内完成预制，柱底部预留伸出柱纵筋，并运抵施工现场。

(2) 基础在现场浇筑，在基础内预留半灌浆或全灌浆套筒，浇筑前保护好套筒的灌浆孔、出浆孔以及灌浆端出口，防止混凝土进入套筒内。

（3）往套筒灌浆端出口倒入足够的灌浆料，在此过程中注意避免带入气泡。

（4）在基础面上柱的四边放置20mm高的垫块，在基础中心处堆放坐浆料，并砌成梯形台状，梯形台顶面面积比柱凹槽面积略小，高约120mm。

（5）将预制柱放下来，注意控制好柱下压的速度并尽量保持柱垂直，坐浆料受压自然摊开填满柱底部的空间。

（6）将柱边的坐浆料抹平并清理多余的坐浆料。

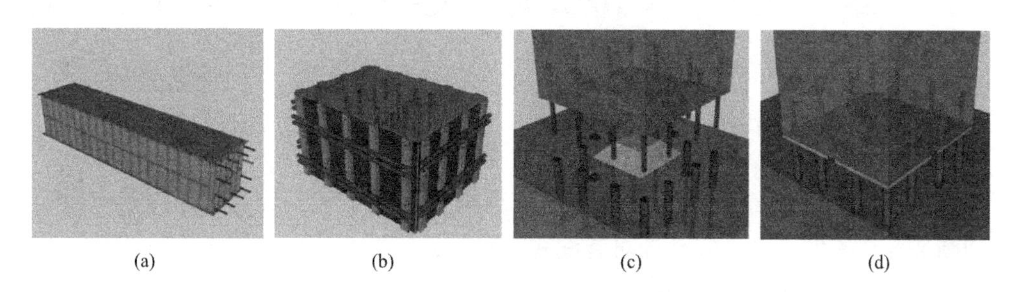

(a)　(b)　(c)　(d)

图6-17　下套筒灌浆连接施工工艺

（a）预制柱；（b）基础现浇；（c）注入灌浆料并吊装；（d）安装完成

6.5.3　施工要点

（1）灌浆料要根据采用材料的特性，把握初凝时间，必须保证灌浆料在规定时间内将柱子定位牢固，不允许出现扰动。

（2）拌浆后的灌浆料流动度必须满足初始流动度不小于300mm、30min后流动度不小于260mm的要求后，才可进行灌浆。

（3）埋入混凝土内波纹管必须用固定架焊接牢固，保证混凝土浇筑时不会跑位，在混凝土浇筑完成后，需检查孔位位置，有偏差时及时调整。

（4）在灌入灌浆料前，必须将预制柱下插钢筋与预埋孔位进行一次预吊装，保证每根柱筋与预留孔位无误后，再进行灌浆料的拌制。

（5）灌浆料的性能应满足《装配式混凝土结构技术规程》JGJ 1—2014的相关规定。

（6）吊装预制柱前，需将柱子底部的水平标高用垫块调平。

第7章　装配式混凝土建筑施工质量控制

装配式混凝土建筑的质量和安全存在很多亟须解决的问题，比如渗漏、插筋切断、灌浆不实、开裂等。针对装配式混凝土建筑进行质量控制非常重要。对装配式混凝土建筑质量控制的前提是要求在设计过程中满足建筑设计要求。装配式混凝土建筑施工质量控制的实施手段主要有两个方面：预制混凝土构件生产环节质量控制和现场施工环节质量控制。

7.1　预制构件制作质量控制

7.1.1　原材料及构配件质量控制

预制构件由混凝土原材料、钢筋、连接件及各类预埋件、吊件、保温材料、面砖、石材和门窗框等材料与部件组成。各类材料和部件应有产品合格证，在进厂或使用前应按照规定要求进行检验批检验，包括进料检查和复检。进料检查项目包括产品的品种、规格、生产批次、外观、生产厂家等；复检的批次、项目和其他要求应符合现行有关标准的规定。

1. 混凝土

组成混凝土的原材料有水泥、粗细骨料、水，必要时还有化学外加剂和矿物掺合料。混凝土的原材料应符合下列规定：

（1）水泥应采用不低于42.5级或42.5R级的硅酸盐水泥、普通硅酸盐水泥，同一厂家、同一品种、同一代号、同一强度等级、同一批号且连续进场的水泥，散装不超过200t为一批，每批抽检次数不应少于一次；按批抽取试样进行水泥强度、安定性和凝结时间检验，设计有其他要求时，尚应对相应的性能进行试验，检验结果应符合现行国家标准《通用硅酸盐水泥》GB 175—2007的有关规定。

（2）天然细骨料应选用细度模数为2.3～3.2的天然砂或机制砂，天然粗骨料应选用最大粒径不大于25mm的连续级配碎石。同一厂家（产地）且同一规格的粗细骨料，不超过200m³或300t为一批，按批抽取试样进行颗粒级配、含泥量、泥块含量等其他要求的相关检验。检验结果应符合现行行业标准《普通混凝土用砂、石质量及检验方法标准》JGJ 52—2006的有关规定。

（3）减水剂品种应通过试验室进行试配后确定。同一厂家、同一品种的减水剂，不超过50t为一批；按批抽取试样进行减水率、1d抗压强度比、含气量、固体含量、pH值和密度检验。检验结果应符合现行国家标准《混凝土外加剂》GB 8076—2008和《混凝土外加剂应用技术规范》GB 50119—2013的有关规定。

（4）拌合用水应符合现行行业标准《混凝土用水标准》JGJ 63—2006的有关规定。拌制混凝土的其他材料应符合国家现行有关标准的规定。

2. 钢筋及预埋件

（1）钢筋进场时，应按国家现行相关标准的规定抽取试件做屈服强度、抗拉强度、伸长率、弯曲性能和重量偏差检验，检验结果应符合国家现行相关标准的规定。

（2）钢筋的选用应符合现行国家标准《混凝土结构设计规范》GB 50010—2010的规定。普通钢筋采用套筒灌浆连接和浆锚搭接连接时，钢筋应采用热轧带肋钢筋。钢筋进场后应按品种、规格、批次、直径、质量检测状态等分类堆放，并应采取防锈措施。

（3）预制构件中使用的钢筋桁架应符合《钢筋混凝土用钢筋桁架》YB/T 4262—2011的要求。预埋件的材质、尺寸、性能应符合设计要求和国家现行有关标准的规定。供应商应提供产品合格证或出厂质量检验报告。

（4）钢筋套筒灌浆连接接头采用的钢筋套筒应符合现行行业标准《钢筋连接用灌浆套筒》JG/T 398—2019 和《钢筋套筒灌浆连接应用技术规程》JGJ 355—2015 的规定。

（5）制作构件之间钢筋连接所用的钢筋套筒及灌浆材料的适配性应通过钢筋连接接头检验确定，其检验方法应符合现行行业标准《钢筋机械连接技术规程》JGJ 107—2016 的规定，如图 7-1 所示。

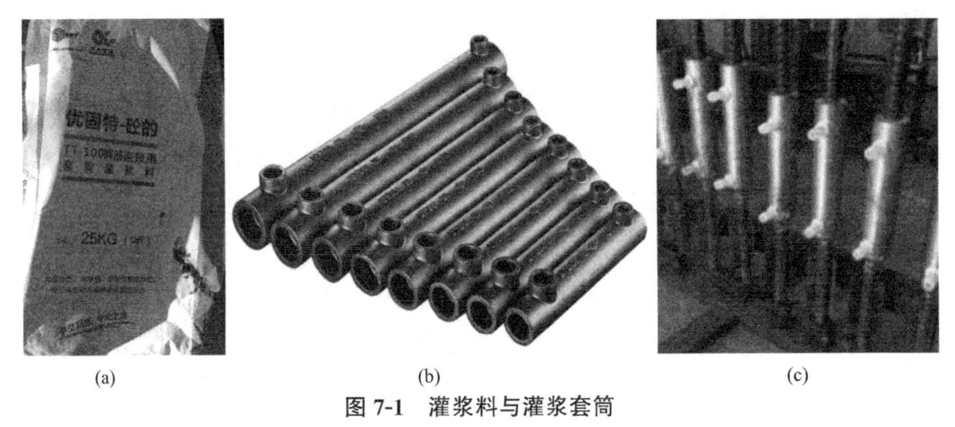

(a) (b) (c)

图 7-1　灌浆料与灌浆套筒

（a）灌浆料；（b）套筒；（c）套筒灌浆连接

（6）预制混凝土夹芯保温外墙板和预制叠合夹芯保温墙板所用连接内外页墙的连接件宜采用纤维增强连接件或不锈钢连接件。连接件力学性能和耐久性应符合国家相关标准和设计要求。

（7）预制构件的吊环应采用未经冷加工的 HPB300 级钢筋制作，如图 7-2 所示。钢筋焊接网应符合现行行业标准《钢筋焊接网混凝土结构技术规程》JGJ 114—2014 规定。

3. 其他材料

（1）石材和面砖等饰面材料的质量应符合国家现行有关标准的规定；石材或面砖与混凝土间的抗拉拔力应满足相关标准及安全使用的规定。石材应提前 24h 在背面安装锚固拉钩和进行防泛碱处理，石材厚度宜≥25mm，并采用不锈钢卡钩锚固。瓷砖背沟深度应满足相关标准的要求。

（2）门窗框应符合设计要求，并应有产品合格证或出厂质量检验报告。其品质、规格、尺寸、性能和开启方向、型材壁厚和连接方向等应满足设计要求和国

图 7-2　各类连接件

家现行有关标准的规定。门窗框质量应符合国家现行有关标准的规定。

7.1.2　预制构件制作过程质量控制

构件生产单位应具备保证产品质量要求的生产工艺设施、试验检测条件，建立完善的质量管理体系和制度，并宜建立质量可追溯的信息化管理系统。预制构件厂质量管理通常由厂长、技术负责人、质检员、实验员等组成，如图 7-3 所示。

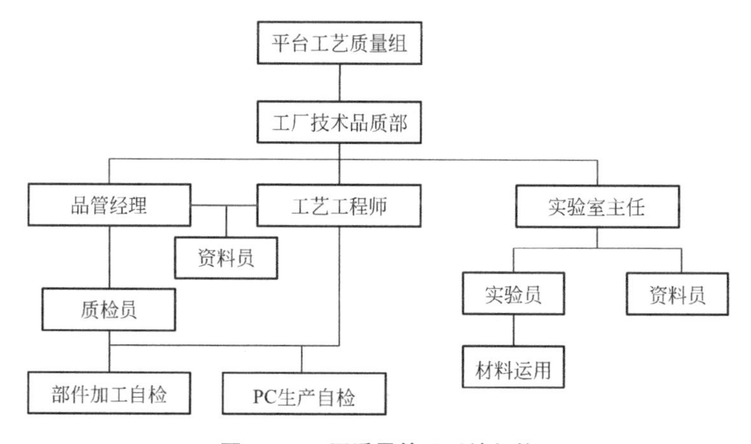

图 7-3　工厂质量管理系统架构

1. 基本要求

（1）预制构件生产应建立首件验收制度。首件验收制度是指结构较为复杂的预制构件或新型构件首次生产或间隔较长时间重新生产时，生产单位需会同建设单位、设计单位、施工单位、监理单位共同进行首件验收，重点检查模具、构件、预埋件、混凝土浇筑成型中存在的问题，确认该批预制构件生产工艺是否合理、质量能否得到保障，共同验收合格后方可批量生产。

（2）预制构件和部品生产中采用新技术、新工艺、新材料、新设备时，生产单位应制定专门的生产方案；必要时进行样品试制，经检验合格后方可实施：生产单位欲使用新技术、新工艺、新材料时，可能会影响产品质量，必要时应经建设单位、设计单位、施工单位和监理单位核准后方可实施。

（3）预制构件生产质量检验应按模具、钢筋、混凝土、预应力、预制构件等进行检验：检验时对新制或改制后的模具按件检验，对重复使用的定型模具、钢筋半成品和成品应分批随机抽样检验，对混凝土性能应按批检验。生产班组应在自检、互检和交检的基础上，由质检员进行检验。

（4）预制构件制作过程中涉及预制构件质量的模具拼装、钢筋制作安装、预埋件设置、门窗框设置、保温材料设置、混凝土浇筑、养护、脱模等工序应进行检验。上道工序质量检测和检查结果不符合有关标准规定、设计文件和合同要求时，不应进行下道工序生产。

（5）预制构件的各项性能指标应符合国家现行标准、设计文件及合同的有关规定。对合格产品出具出厂质量合格证明；对不合格产品应标识、记录、评价、隔离并按规定处置。

2. 生产模具质量管理与检验

（1）模具设计要求

预制构件的模具由底模和侧模构成（图 7-4），底模为定模，侧模为动模，模具要易于组装和拆卸。通常制作混凝土构件的模具优先考虑钢模具或铝模具，其循环次数理论上可达上千次，大大节约周转成本。不排除有些项目存在异形构件导致模具周转次数较少，此类情况可采用木模具、高强塑料模具等其他材质的模具，但此类模具均应满足易于组装和脱模要求，并能够抵抗可预测的外来因素撞击和适合蒸汽养护。

图 7-4　预制构件模具图

无论是钢模具、铝模具、木模具或其他材质的模具，要求模具本身满足混凝土浇筑、脱模、翻转、起吊时的刚度和稳定性要求，模具与混凝土接触面的表面应均匀涂刷隔离剂，并便于清理和涂刷隔离剂。使用前检查模具表面，对模具和预埋件定位架等部位进行清理，且满足以下要求：

① 模具表面应干净、无污染，没有划痕、生锈、氧化层脱落等现象。

② 模具标准化、规格化、定型化，便于组装成多种尺寸形状。

③ 模具组装宜采用螺栓或者销钉连接，严禁敲打。

（2）模具组装要求

模具应组装牢固、尺寸准确、拼缝严密、不漏浆，精度必须符合设计要求和表 7-1 的规定，对所有的生产模具进行全数检查，并经检验合格后再投入使用。

模具组装尺寸允许偏差和检验方法　　表 7-1

<table>
<tr><th colspan="2">检验项目及内容</th><th>允许偏差(mm)</th><th>检验方法</th></tr>
<tr><td rowspan="3">长度</td><td>≤6m</td><td>1，−2</td><td rowspan="3">用钢尺测量平行构件高度方向，取其中偏差绝对值较大处</td></tr>
<tr><td>>6m 且≤12m</td><td>2，−4</td></tr>
<tr><td>>12m</td><td>3，−5</td></tr>
<tr><td rowspan="2">截面尺寸</td><td>墙板</td><td>1，−2</td><td rowspan="2">用钢尺测量两端或中部，取其中偏差绝对值较大处</td></tr>
<tr><td>其他构件</td><td>2，−4</td></tr>
<tr><td colspan="2">对角线差</td><td>3</td><td>用钢尺测量纵、横两个方向对角线</td></tr>
<tr><td colspan="2">侧向弯曲</td><td>$L/1500$，且≤5m</td><td>拉线，用钢尺测量侧向弯曲最大处</td></tr>
</table>

续表

检验项目及内容	允许偏差(mm)	检验方法
底模表面平整度	2	用2m靠尺和塞尺检查
翘曲	$L/1500$	对角拉线测量交点间距离值的两倍
组装缝隙	1	用塞片或塞尺量,取最大值
端模与侧模高低差	1	用钢尺测量

注:表中L为模具与混凝土接触面中最长边的尺寸。

由于堆放模具的场地因素有可能造成模具发生翘曲变形等情况,要求堆放模具的场地坚固平整。

3. 构件制作与检验

预制混凝土构件应根据符合生产要求的深化设计图纸,在符合生产条件的工厂进行生产。预制构件生产前,构件生产企业应编制生产方案,生产方案应包括生产计划、物料采购计划、模具方案等内容,还需根据预制混凝土构件形状、尺寸、重量等特点指定相应的工艺流程,明确质量要求和生产各阶段质量控制要点。构件生产企业应建立构件制作全过程的计划管理和质量管理体系,以提高生产效率,确保预制构件质量。

为保证预制构件质量,各工艺流程必须由相关专业技术人员进行操作,专业技术人员经过培训后方可上岗。在构件生产前应对各项工序进行技术交底,上道工序质量检测结果不符合设计要求、相关标准规定和合同要求时,不得进行下道工序生产。

(1)模具的选择和组装

模具组装应保证能够彻底清扫,确保不弯曲,不变形等,尺寸、轴线和角度符合相关要求。组装后尺寸偏差应符合表7-1的规定。

按照组装顺序组装模具。对于特殊构件,当要求钢筋先入模后组装模具时,应严格按照操作步骤执行。

(2)饰面材料的铺贴

① 面砖在入模铺设前,根据构件排版图的要求分块制成面砖套件。套件尺寸应根据构件饰面砖的大小、图案、颜色确定,每块套件的长度不宜大于600mm,宽度不宜大于300mm。

② 面砖套件的薄膜粘贴不得有折皱，不应露出面砖，端头应平齐。嵌缝条和薄膜粘贴后应采用专用工具沿接缝方向将嵌缝条压实。

③ 石材和面砖等饰面材料与混凝土的连接应牢固、无空鼓。石材等饰面材料与混凝土之间连接件的连接方式、数量、位置等应符合设计要求。

④ 石材和面砖等饰面材料铺设后表面应平整，接缝应顺直，接缝的宽度和深度应符合设计要求；面砖、石材粘贴的允许偏差应符合表7-2的规定。

面砖、石材粘贴的允许偏差和检验方法　　表7-2

项次	项目	允许偏差(mm)	检验方法
1	表面平整度	2	2m靠尺和塞尺检查
2	阳角方正	2	2m靠尺检查
3	上口平直	2	拉线，钢直尺检查
4	接缝平直	3	钢直尺和塞尺检查
5	接缝深度	±5	
6	接缝宽度	±2	钢直尺检查

（3）钢筋制作与安装

钢筋制作与安装应符合以下要求：

① 钢筋网片或钢筋骨架等制品的尺寸应准确，钢筋制品中的钢筋、配件和预埋件的品种、规格、数量和位置要符合设计要求；钢筋下料及成型宜采用自动化设备进行加工，钢筋绑丝甩扣应弯向构件内侧。

② 预制构件中有开口部位，该部位应按图纸要求设置加强筋。加强筋的绑扎固定点不应小于3处。

③ 钢筋制品吊运入模前应检查其质量，并确保质量检验合格后才能入模，吊运时应采用多吊点专用吊架并轻放入对应模具中，防止钢筋骨架产生变形。

④ 钢筋制品入模应采用垫保护层垫块等方式达到钢筋各部位的保护层厚度要求。保护层垫块宜采用塑料类垫块，且应与钢筋骨架或网片绑扎牢固，垫块按梅花形布置，间距满足钢筋限位及控制变形的要求。

入模后钢筋制品的尺寸偏差应符合表7-3的规定，钢筋桁架的尺寸偏差应符合表7-4的规定。

钢筋制品尺寸允许偏差和检验方法　　表 7-3

项目			允许偏差(mm)	检验方法
钢筋网片	长、宽		±5	钢尺检查
	网眼尺寸		±10	钢尺测量连续三档,取最大值
	对角线		5	钢尺检查
	端头不齐		5	钢尺检查
钢筋骨架	长		0,−5	钢尺检查
	宽、高		±5	钢尺检查
受力钢筋	间距		±10	钢尺测量两端、中间各一点,取最大值
	排距		±5	
	保护层	柱、梁	±5	钢尺检查
		墙、板	±3	钢尺检查
箍筋间距			±10	钢尺测量连续三档,取最大值
端头不齐			5	钢尺检查
钢筋弯起点位置			15	钢尺检查

钢筋桁架尺寸允许偏差和检验方法　　表 7-4

项次	检验项目	允许偏差(mm)	检验方法
1	长度	总长度的±0.3%,且不超过±10	用尺测量两端及中间部,取其中偏差绝对值较大值
2	高度	+1,−3	
3	宽度	±5	
4	扭翘	≤5	对角拉线测量交点之间的距离值的两倍

(4) 预埋件及预留洞口设置

按照设计要求和深化图纸要求进行预埋件预留预埋，预埋件、连接用钢材和预留孔洞模具的数量、规格、位置、安装方式等符合设计要求，有的采购方会指定预埋件的相关品牌、型号、规格等。预埋件应固定在模板或支架上，固定措施应可靠，预留孔洞应采用孔洞模具加以固定。预埋件、预留孔、预留洞的允许偏差和检验方法如表 7-5 所示。

预埋件、预留孔、预留洞的允许偏差和检验方法 表 7-5

项目		允许偏差(mm)	检验方法
预埋钢板	中心线位置偏移	5	用尺测量纵横两个方向的中心线位置,取其中较大值
	平面高差	0,−5	用尺紧靠在预埋件上,用楔形塞尺测量预埋件平面与混凝土面的最大缝隙
预埋螺栓	中心线位置偏移	2	用尺测量纵横两个方向的中心线位置,取其中较大值
	外露长度	+10,−5	用尺量
预留套筒、螺母	中心线位置偏移	2	用尺测量纵横两个方向的中心线位置,取其中较大值
	平面高差	0,−5	用尺紧靠在预埋件上,用楔形塞尺测量预埋件平面与混凝土面的最大缝隙
预留孔	中心线位置偏移	5	用尺测量纵横两个方向的中心线位置,取其中较大值
	孔尺寸	±5	用尺测量纵横两个方向尺寸,取其中较大值
预留洞	中心线位置偏移	5	用尺测量纵横两个方向的中心线位置,取其中较大值
	洞口尺寸、深度	±5	用尺测量纵横两个方向尺寸,取其中较大值
预留插筋	中心线位置偏移	3	用尺测量纵横两个方向的中心线位置,取其中较大值
	外露长度	±5	用尺量
吊环	中心线位置偏移	10	用尺测量纵横两个方向的中心线位置,取其中较大值
	与构件表面混凝土高差	0,−10	用尺量
键槽	中心线位置偏移	5	用尺测量纵横两个方向的中心线位置,取其中较大值
	长度、宽度	±5	用尺量
	深度	±5	用尺量

续表

项目		允许偏差(mm)	检验方法
灌浆套筒及连接钢筋	灌浆套筒中心线位置	2	用尺测量纵横两个方向的中心线位置,取其中较大值
	连接钢筋中心线位置	2	用尺测量纵横两个方向的中心线位置,取其中较大值
	连接钢筋外露长度	+10,0	用尺量

(5) 混凝土浇筑

混凝土浇筑前，应做好预制构件的隐蔽工程记录，应逐项对模具、垫块、外装饰材料、钢筋、灌浆套筒、连接件、吊具、预埋件、预留孔洞的品种、规格、数量、位置进行验收。

混凝土浇筑应符合下列要求：

① 混凝土放料高度不宜大于 500mm，并应均匀摊铺。

② 混凝土成型振捣方法应根据预制构件类型确定，振捣应密实，振捣工具不应碰触钢筋骨架、侧模和预埋件。

③ 混凝土浇筑应连续进行，同时需保证模具、预埋件等的变形和移位在允许偏差内。

④ 预制构件与后浇混凝土的接触面应按设计要求制成粗糙面和键槽，粗糙面可采用拉毛和凿毛处理，也可采用化学和其他物理处理方法。

(6) 构件养护

混凝土浇筑后，预制构件的成型和养护宜在车间内进行，成型后蒸养可在生产模位上或养护窑内进行。优先采用蒸汽养护的形式，也可根据实际情况选择覆盖浇水和塑料薄膜覆盖的自然养护、化学保护膜养护等方法。梁、柱等体积较大的预制混凝土构件宜采用自然养护方式。养护过程中应注意：

① 加热养护制度应通过试验确定，宜在常温下预养护 2～6h，升、降温度不应超过 20℃/h，最高温度不宜超过 70℃，预制构件脱模时的表面温度与环境温度的差值不宜超过 20℃。

② 夹芯保温外墙板采取加热养护时，养护温度不宜大于 50℃，以防止保温材料变形而造成构件破坏。

③ 预制构件脱模后可继续养护，养护可采用水养、洒水、覆盖和喷涂养护

剂等一种或几种相结合的方式。

（7）构件脱模与表面修补

预制构件停止蒸汽养护拆模前，控制预制构件表面与环境温度的温差不宜高于 20℃，以免由于构件温度梯度过大造成构件表面裂缝。构件脱模应严格根据模具结构特点及拆模顺序拆除模具，不得使用振动方式拆模。构件脱模时应仔细检查确认构件与模具之间的连接部分完全拆除后方可起吊。

预制构件脱模起吊时的混凝土强度应满足设计要求，若混凝土强度不足，易造成构件变形、棱角破损掉落、开裂等现象。为保证预制构件结构安全和使用功能不受影响，预制混凝土构件脱模起吊时，应根据设计要求或具体生产条件确定所需的标准立方体抗压强度，并满足下列要求：

① 脱模混凝土强度不宜小于 15MPa。

② 外墙板、楼板等较薄预制混凝土构件起吊时，混凝土强度应不小于 20 MPa。

③ 梁、柱等较厚预制混凝土构件起吊时，混凝土强度不应小于 30 MPa。

④ 预应力混凝土构件及脱模时需移动的预制混凝土构件，脱模时混凝土立方体抗压强度不应小于混凝土设计强度的 75%。

构件脱模后，若不存在影响结构性能、钢筋、预埋件或者连接件锚固的局部破损和构件表面的非受力裂缝时，可对构件进行整修。对于各种类型的混凝土外观缺陷，预制构件生产企业应制定相应的修补方案，并配有相应的修补材料和工具，要求构件生产应设置专门的混凝土构件整修场地，在整修区域对刚脱模的构件进行清理、质量检查和修补。构件修补完毕后应重新进行检查验收。

预制构件缺陷修补也是生产过程中的一个重要环节，一些常见的缺陷可参照表 7-6 的方法进行修补。

裂纹、掉角的修补　　　　**表 7-6**

缺陷的状态		修补方法	备注
裂缝	对构件结构产生影响的裂纹，或连接埋件和流出筋的耐受力上有障碍的	废弃	
	宽度超过 0.3mm、长度超过 500mm 的裂纹	废弃	
	上述情况外，宽度超过 0.1mm 的裂纹	注入低黏性环氧树脂	
	宽度在 0.1mm 以下，贯通构件的裂纹	树脂砂浆修补表面	
	宽度在 0.1mm 以下，不贯通构件的裂纹	树脂砂浆修补表面	

续表

缺陷的状态		修补方法	备注
破损、掉角	对构件结构产生影响的破损,或连接埋件和留出筋的耐受力上有障碍的	废弃	浇筑时边角上空洞
	长度超过 15cm 且超过板厚的 1/2 的	废弃	
	板厚在 1/2 以下,长度在 2~15cm 的	树脂砂浆修补表面	修补后由质检人员检查
	板厚在 1/2 以下,长度在 2cm 以内的	树脂砂浆修补表面	修补
气孔	表面收水及打硅胶部位、直径在 3mm 以上的	树脂砂浆修补表面	双方检查确认后的产品作为样品板
其他	产品检查中被判为不合格的产品	废弃	

注:废弃的构件必须做好检查后移放至废板堆场,并做好易于辨别的标志。应在具体情况及原因分析的基础上做出不合格品的处置报告及预防质量事故再发生的书面报告。

7.1.3 预制构件成品质量控制

1. 质量保证措施

(1) 预制构件成品生产、构件制作、现场装配各流程和环节,施工管理应有健全的管理体系、管理制度。

(2) 预制结构施工前,应加强设计图、施工图和预制构件加工图的结合,掌握相关技术要求及细部构造,编制预制结构专项施工方案,构件生产、现场吊装、成品验收等应制订专项技术措施。在每一个分项工程施工前,应向作业班组进行技术交底。

(3) 每块出厂的预制构件都应有产品合格证明,在构件厂、总包单位、监理单位三方共同认可的情况下方可出厂。

(4) 多工种施工劳动力组织,选择和培训熟练的技术工人,按照各工种的特点和要求,有针对性地组织与落实。

(5) 施工前,按照技术交底内容和程序,逐级进行技术交底,对不同技术工种的针对性交底要达到施工操作要求。

(6) 装配过程中,必须确保各项施工方案和技术措施落实到位,各工序控制应符合标准和设计要求。

(7) 每一道步骤完成后都应按照检验表格内容进行抽查，在每一层结构混凝土浇筑完毕后，需用经纬仪对外墙板进行检验，以免垂直度误差累积。

(8) 预制结构应有完整的质量控制资料及观感质量验收资料，对涉及结构安全的材料、构件制作进行见证取样、送样检测。

2. 质量控制方法

预制构件应按设计要求和现行国家标准《混凝土结构工程质量验收规范》GB 50204—2015的有关规定进行结构性能检验。

预制构件不得存在影响结构性能或装配、使用功能的外观缺陷。对存在一般缺陷的，应采用专用修补材料按修补方案进行修复处理。预制构件外观质量缺陷，根据其影响结构性能、安装和使用功能的严重程度，可按表7-7的规定分为严重缺陷和一般缺陷。

预制构件外观质量缺陷　　表7-7

名称	现象	严重缺陷	一般缺陷
露筋	构件内部钢筋未被混凝土包裹而外露	主筋有露筋	其他钢筋有少量露筋
蜂窝	混凝土表面缺少水泥砂浆而形成石子外露	主筋部位和搁置点部位有蜂窝	其他部位有少量蜂窝
孔洞	混凝土中孔穴深度和长度均超过保护层厚度	构件主要受力部位有孔洞	非受力部位有孔洞
夹渣	混凝土中夹有杂物且深度超过保护层厚度	构件主要受力部位有夹渣	其他部位有少量夹渣
疏松	混凝土中局部不密实	构件主要受力部位有疏松	其他部位有少量疏松
裂缝	缝隙从混凝土表面延伸至混凝土内部	构件主要受力部位有影响结构性能或使用功能的裂缝	其他部位有少量不影响结构性能或使用功能的裂缝
连接部位缺陷	构件连接处混凝土缺陷及连接钢筋、连接件松动、插筋严重锈蚀、弯曲，灌浆套筒堵塞、偏位、破损等缺陷	连接部位有影响结构传力性能的缺陷	连接部位有基本不影响结构传力性能的缺陷
外形缺陷	内表面缺棱掉角、棱角不直、翘曲不平；外表面面砖粘结不牢、位置偏差、面砖嵌缝未达到横平竖直	清水混凝土构件有影响使用功能或装饰效果的外形缺陷	其他混凝土构件有不影响使用功能的外形缺陷
外表缺陷	构件内表面麻面、掉皮、起砂、沾污等；外表面面砖污染、门窗破坏	具有重要装饰效果的清水混凝土构件有外表缺陷	其他混凝土构件有不影响使用功能的外表缺陷，门窗框不宜有外表缺陷

对预制构件进行全数检查验收，构件上的预埋件、插筋和预留孔洞的规格、位置和数量应符合设计要求。预制构件不应有影响结构性能和安装、使用功能的尺寸偏差，对超过尺寸允许偏差且影响结构性能和安装、使用功能的部位，应由构件生产企业提出技术处理方案，并应经原设计单位认可后进行处理，对处理的部位应重新检查验收。

预制构件的外观质量不应有严重缺陷和一般缺陷，构件的外观质量应根据表7-7确定。对已经出现的严重缺陷，应由构件生产企业提出技术处理方案，并应经原设计单位认可后进行处理，对处理的部位应重新检查验收；对已经出现的一般缺陷，应按技术处理方案进行处理，并达到合格。

对预制构件成品进行检查，检查数量为同一规格（品种）、同一工作班为一检验批，每检验批抽检不应少于40%，且不少于8件。预制构件的尺寸偏差应符合表7-8的规定。

预制构件尺寸偏差及检验方法 **表7-8**

项目			允许偏差(mm)	检验方法
长度	板、梁、柱、桁架	＜12m	±5	用尺测量两端及中间部，取其中偏差绝对值较大值
		≥12且＜18m	±10	
		＞18m	±20	
宽度、高(厚)度	板、梁、柱、桁架宽度		±5	用尺测量两端及中间部，取其中偏差绝对值较大值
	板、梁、柱、桁架高度		±5	用尺测量板四角和四边中部位置共8处，取其中偏差绝对值较大值
	墙板的高度		±4	用尺测量两端及中间部，取其中偏差绝对值较大值
	墙板的宽度		±4	用尺测量两端及中间部，取其中偏差绝对值较大值
	墙板的厚度		±3	用尺测量板四角和四边中部位置共8处，取其中偏差绝对值较大值
表面平整度	板、梁、柱、墙板内表面		4	用2m靠尺安放在构件表面，用楔形塞尺测量两侧靠尺与表面之间的最大缝隙
	墙板外表面		3	
侧向弯曲	梁、板、柱		$L/750$且≤20	拉线，钢尺测量最大弯曲处
	墙板、桁架		$L/1000$且≤20	

续表

项目		允许偏差(mm)	检验方法
扭翘	楼板	$L/750$	四对角拉两条线,测量两线交点之间的距离,其值的2倍为扭翘值
	墙板	$L/1000$	
门窗口	中心线位置偏移	5	用尺测量测纵横两个方向的中心线位置,取其最大值
	宽度、高度	±3	用尺测量测纵横两个方向尺寸,取其最大值

7.2 预制构件安装过程质量控制

7.2.1 预制构件进场检验

构件运输采用牢靠的运输车和专用存放架，所有进场构件需提交相关生产资料、质量证明文件等，并对外观、尺寸、预留预埋等进行全面检查。

随构件进场提供资料清单如表7-9所示。

构件进场提供资料清单 **表7-9**

××项目资料清单			
序号	名称	数量	备注
1	项目资料清单	一式二份	
2	构件出厂合格证	一式三份	
3	隐蔽工程验收记录表	一份	
4	混凝土配合比报告	一份	
5	混凝土试块抗压报告	一份	
6	混凝土原材料检验报告	一份	
7	钢筋检验报告	一份	
8	钢筋质量证明书	一份	

7.2.2 预制构件安装质量控制

1. 吊装检查

（1）检查预留钢筋位置长度是否准确，并进行修整。

（2）检查构件预埋件位置、数量是否正确；清理注浆管，确保畅通。

（3）检查构件中预埋吊环边缘混凝土是否破损开裂，吊具吊环本身是否开裂断裂；连接面要清理干净。

2. 构件吊装

预制构件吊装应符合下列规定：

（1）应根据预制构件的形状、尺寸、重量和作业半径等要求选择吊具和起重设备，所采用的吊具和起重设备及其操作，应符合国家现行有关标准和产品应用技术手册的规定。

（2）吊点数量、位置应计算确定，保证吊具连接可靠，应采取确保起重设备的主钩位置、吊具及构件重心在竖直方向上重合的措施。

（3）应根据当天的作业内容进行班前安全技术交底。

（4）预制构件应按照吊装顺序预先编号，吊装时严格按编号顺序起吊。

（5）应采用慢起、稳升、缓放的操作方式，吊运过程中保持稳定、不偏斜，严禁吊装构件长时间停留在空中。

（6）预制构件在吊装过程中，宜设置缆风绳控制构件转动。

（7）预制构件的校核与调整。

（8）预制构件吊装就位后，应及时校准并采取临时固定措施。

（9）预制墙板、预制柱等竖向构件安装后，应对安装位置、安装标高、垂直度进行校核与调整。调整后利用临时支撑固定，要求临时支撑不宜少于2道；对预制柱、墙板构件的上部斜支撑，其支撑点距离板底的距离不宜小于构件高低的2/3，且不应小于构件高度的1/2；斜支撑应与构件可靠连接。

（10）叠合构件、预制梁等水平构件安装后，应对安装位置、安装标高进行校核和调整，还应对相邻预制构件平整度、高低差、拼缝尺寸进行校核与调整。

水平预制构件安装采用临时支撑，首层支撑架体的地基应平整坚实，宜采取硬化措施；临时支撑的间距及其与墙、柱、梁边的净距应经设计计算确定，竖向连续支撑层数不宜少于2层且上下层支撑宜对准；叠合板预制地板下部支架宜采用定型独立钢支柱，竖向间距应通过计算确定。

3. 预制柱

预制柱安装应符合下列规定：

（1）宜按照角柱、边柱、中柱顺序进行安装，与现浇部分连接的柱宜先行吊装。

（2）预制柱的就位以轴线和外轮廓线为控制线，对于边柱和角柱，应以外轮廓线控制为准。

（3）就位前应设置柱底调平装置，控制柱的安装标高。

（4）预制柱安装就位后应在两个方向设置可调节临时固定措施，并应进行垂直度扭转调整。

（5）采用灌浆套筒连接的预制柱调整就位后，柱脚连接处宜采用模板封堵。

4. 预制剪力墙

预制剪力墙安装应符合下列规定：

（1）与现浇部分连接的墙板宜先行吊装，其他宜按照外墙先行吊装的原则进行吊装。

（2）就位前，应在墙板底部设置调平装置。

（3）采用套筒灌浆连接、浆锚搭接连接的夹芯保温外墙板应在保温材料部位采用弹性密封材料进行封堵。

（4）采用套筒灌浆连接、浆锚搭接连接的墙板需要分仓灌浆时，应采用坐浆料进行分仓；多层剪力墙采用坐浆时应均匀铺设坐浆料；坐浆料强度应满足设计要求。

（5）墙板以轴线和轮廓线为控制线，外墙应以轴线和外轮廓线双控制。

（6）安装就位后应设置可调斜支撑临时固定，测量预制墙板的水平位置、垂直度、高度等，通过墙底垫片、临时斜支撑进行调整。

（7）预制墙板调整就位后，墙底部连接部位宜采用模板封堵。

(8) 叠合墙板安装就位后进行叠合墙板拼缝处附加钢筋安装，附加钢筋应与现浇段钢筋网交叉点全部绑扎牢固。

剪力墙构件尺寸允许偏差及检验方法如表7-10所示。

剪力墙构件尺寸允许偏差及检验方法　　表7-10

项目	允许偏差(mm)	检验方法
剪力墙主筋轴线	±3	用尺量
剪力墙主筋长度	±10	用尺量
预埋套管轴线	±3	用尺量
预埋套管的深度	±10	用尺量
长	+5，-10	用尺量
宽	±5	用尺量
高	±5	用尺量

5. 预制梁或叠合梁

预制梁或叠合梁安装应符合下列规定：

(1) 安装顺序宜遵循先主梁后次梁、先低后高的原则。

(2) 安装前，应测量并修正临时支撑标高，确保与梁底标高一致，并在柱上弹出梁边控制线；安装后根据控制线进行精密调整。

(3) 安装前，应复核柱钢筋与梁钢筋位置、尺寸，对梁钢筋与柱钢筋位置有冲突的，应按经设计单位确认的技术方案调整。

(4) 安装时梁伸入支座的长度与搁置长度应符合设计要求。

(5) 安装就位后应对水平度、安装位置、标高进行检查。

(6) 叠合梁的临时支撑，应在后浇混凝土强度达到设计要求后方可拆除。

6. 叠合板预制底板

叠合板预制底板安装应符合下列规定：

(1) 预制底板吊装完成后应对板底接缝高差进行校核；当叠合板板底接缝高差不满足设计要求时，应将构件重新起吊，通过可调托座进行调节。

(2) 预制底板的接缝宽度应满足设计要求。

(3) 临时支撑应在后浇混凝土强度达到设计要求后方可拆除。

7. 预制楼梯

预制楼梯安装应符合下列规定：

（1）安装前，应检查楼梯构件平面定位及标高，并宜设置调平装置。

（2）就位后，应及时调整并固定。

8. 预制阳台板、空调板

预制阳台板和空调板安装应符合下列规定：

（1）安装前，应检查支座顶面标高及支撑面的平整度。

（2）临时支撑应在后浇混凝土强度达到设计要求后方可拆除。

预制构件安装尺寸的允许偏差及检验方法应符合表7-11规定。

预制构件安装尺寸的允许偏差及检验方法　　表7-11

<table>
<tr><th colspan="3">项目</th><th>允许偏差(mm)</th><th>检验方法</th></tr>
<tr><td rowspan="3">构件中心线对轴线位置</td><td colspan="2">基础</td><td>15</td><td rowspan="3">经纬仪及尺量</td></tr>
<tr><td colspan="2">竖向构件(柱、墙、桁架)</td><td>8</td></tr>
<tr><td colspan="2">水平构件(梁、板)</td><td>5</td></tr>
<tr><td>构件标高</td><td colspan="2">梁、柱、墙、板底面或顶面</td><td>±5</td><td>水准仪或拉线、尺量</td></tr>
<tr><td rowspan="2">构件垂直度</td><td rowspan="2">柱、墙</td><td>≤6m</td><td>5</td><td rowspan="2">经纬仪或吊线、尺量</td></tr>
<tr><td>>6m</td><td>10</td></tr>
<tr><td>构件倾斜度</td><td colspan="2">梁、桁架</td><td>5</td><td>经纬仪或吊线、尺量</td></tr>
<tr><td rowspan="5">相邻构件平整度</td><td colspan="2">板端面</td><td>5</td><td rowspan="5">2m靠尺和塞尺测量</td></tr>
<tr><td rowspan="2">梁、板底面</td><td>外露</td><td>3</td></tr>
<tr><td>不外露</td><td>5</td></tr>
<tr><td rowspan="2">柱墙侧面</td><td>外露</td><td>5</td></tr>
<tr><td>不外露</td><td>8</td></tr>
<tr><td>构件搁置长度</td><td colspan="2">梁、板</td><td>±10</td><td>尺量</td></tr>
<tr><td>支座、支垫中心位置</td><td colspan="2">板、梁、柱、墙、桁架</td><td>10</td><td>尺量</td></tr>
<tr><td>墙板接缝</td><td colspan="2">宽度</td><td>±5</td><td>尺量</td></tr>
</table>

9. 装配式斜屋面叠合楼板

(1) 主要质量控制标准

① 认真做好叠合楼板的预制、现场斜屋面的标高和轴线的复测验收工作。

② 工程所使用的原材料、构配件等进场，必须查验产品合格证书、性能检测报告，品种规格技术参数须符合产品标准、设计图纸要求。钢筋、混凝土、叠合楼板按规定进行见证取样复试。严禁使用不合格品。

③ 装配式斜屋面叠合板施工必须按照图纸要求进行。

④ 认真做好施工过程中各种质量保证资料和技术资料的收集整理工作，并做到与施工同步。

(2) 预埋件质量控制

① 材料的检查、验收工作由监理单位、总包单位、专业施工单位联合进行。

② 叠合板加工前，必须查验钢筋、混凝土的出厂合格证和质量证明书、性能检测报告和复试报告，并符合设计和标准要求。

③ 预埋件中心线位移最大允许偏差为 10mm。

④ 预留孔和预留洞的中心线位置最大允许偏差分别为 5mm 和 15mm。

⑤ 预留钢筋位移最大允许偏差为 5mm，钢筋外露长度误差需在−5～10mm。

(3) 外观质量控制

① 装配式叠合楼板宽度和厚度最大允许偏差均为±5mm。

② 装配式叠合楼板对角线最大允许偏差为 10mm。

③ 预制构件的外观质量不应有严重缺陷。对已出现的严重质量缺陷，由施工单位提出技术处理方案，并经监理（建设）单位认可后进行处理。对经处理的部位，应全数重新检查验收。

④ 预制构件的外观质量不宜有一般缺陷。对已经出现的一般缺陷，应由施工单位按技术处理方案进行处理，并全数重新检查验收。

⑤ 预制构件中具体外观类型、外观缺陷和缺陷等级，按表 7-12 的规定。

装配式叠合楼板外观缺陷　　表 7-12

名称	现象	严重缺陷	一般缺陷
露筋	构件内钢筋未被混凝土包裹而外露	纵向受力钢筋有露筋	其他钢筋有少量露筋
蜂窝	混凝土表面缺少水泥浆而形成石子外露	构件主要受力部位有蜂窝	其他部位有少量蜂窝
孔洞	混凝土中孔穴深度和长度超过保护层厚度	构件主要受力部位有孔洞	其他部位有少量孔洞
夹渣	混凝土中杂物深度超过保护层厚度	构件主要受力部位有夹渣	其他部位有少量夹渣
疏松	混凝土中局部不密实	构件主要受力部位有疏松	其他部位有少量疏松
裂缝	缝隙从混凝土表面延伸至内部	构件主要受力部位有影响结构性能或使用功能的裂缝	其他部位有少量不影响结构性能或使用功能的裂缝
连接部位缺陷	连接处混凝土缺陷与钢筋、铁件处松动	连接部位有影响结构传力性能的缺陷	连接部位有基本不影响结构传力性能的缺陷
外形缺陷	缺棱掉角、棱角不直、翘曲不平、飞出凸肋等	清水混凝土构件内有影响使用功能或装饰效果的外形缺陷	其他混凝土构件有不影响使用功能的外形缺陷
外表缺陷	构件表面麻面、掉皮、起砂、沾污等	具有重要装饰效果的清水混凝土构件有外表缺陷	其他混凝土构件有不影响使用功能的外表缺陷

7.3　预制构件连接质量控制

7.3.1　钢筋套筒灌浆连接

钢筋套筒灌浆连接技术是预制构件中受力钢筋连接的主要形式，主要用于各种装配式混凝土结构的受力钢筋连接。本节主要介绍钢筋套筒灌浆连接这一连接方式。

1. 材料进厂验收

(1) 接头工艺检验

工艺检验一般应在构件生产前进行，应对不同钢筋生产企业的进场钢筋进行接头工艺检验。

每种规格钢筋应制作 3 个对中套筒灌浆连接接头；每个接头试件的抗拉强度和 3 个接头试件残余变形的平均值应符合《钢筋套筒灌浆连接应用技术规程》JGJ 355—2015 的相关规定；施工过程中，如更换钢筋生产企业或钢筋外形尺寸与已完成工艺检验的钢筋有较大差异时，应补充工艺检验。工艺检验应模拟施工条件制作接头试件，并按接头单位提供的施工操作要求进行。第一次工艺检验中 1 个试件抗拉强度或 3 个试件的残余变形平均值不合格时，可再取相同工艺参数的 3 个试件进行复检，复检仍不合格的判为工艺检验不合格。

工艺检验合格后，钢筋与套筒连接加工工艺参数应按确认的参数执行。

(2) 套筒材料验收

资质检验：套筒生产厂家出具套筒出厂合格证、材质证明书、型式检验报告等。

外观检查：检查套筒外观及尺寸。

检查数量：同一批号、同一类型、同一规格的灌浆套筒，不超过 1000 个为一批，每批随机抽取 10 个灌浆套筒。

检验方法：观察，尺量检查。

抗拉强度检验：每 1000 个同批灌浆套筒抽取 3 个，采取与施工相同的灌浆料，模拟施工条件，制作接头抗拉试件。

(3) 钢筋与套筒连接

全灌浆套筒，在预制工厂与套筒不连接，只需要安装到位；半灌浆套筒，需要与套筒一端连接，并达到规定的质量要求。

2. 施工质量内容

(1) 套筒灌浆料型式检验报告

应符合《钢筋连接用套筒灌浆料》JG/T 408—2019 的要求，同时应符合预制构件内灌浆套筒接头型式检验报告中灌浆料的强度要求，如图 7-5 所示。

(2) 灌浆料进场检验

重点对灌浆料拌合物（按比例加水制成的浆料）30min 流动度、3d 抗压强度、28d 抗压强度、3h 竖向膨胀率、24h 与 3h 竖向膨胀率差值进行检验。检验

赣州中建建设工程质量检测有限公司

赣检统一表

钢筋套筒灌浆连接接头试件工艺检验报告

CMA 151401340109
有效期至：2021年11月15日

单位工程名称：　一期，6#楼　　第 1 页，共 1 页

工程编码	20200009	报告编号	GJL2021030003
委托单位•人		样品编号	GJLY2021030003
委托单位地址		送检日期	2021-03-30
见证单位•人		检验日期	2021-03-30
取样单位•人		送检方式	见证送检
建设单位		样品描述	完好
施工单位		检测环境	温度：20℃ 湿度：54%
检验依据	JGJ355-2015《钢筋套筒灌浆连接应用技术规程》、JG/T408-2019《钢筋连接用套筒灌浆料》		

钢筋生产企业	方大特钢	钢筋牌号	HRB400E
钢筋公称直径(mm)	14	灌浆套筒类型	——
灌浆套筒品牌、型号	——	灌浆料品牌、型号	——
灌浆施工人及所属单位			
工程部位	五层竖向构件		

对中单向拉伸试验结果	试件编号	NO.1	NO.2	NO.3	要求指标
	屈服强度（N/mm2）	445	450	435	≥400
	抗拉强度（N/mm2）	595	595	600	≥540
	残余变形（mm）	——	——	——	≤0.10
	最大力下总延伸率（%）	——	——	——	≥6.0
	破坏形式	钢筋拉断	钢筋拉断	钢筋拉断	钢筋拉断

灌浆料抗压强度试验结果	试件抗压强度量测值（N/mm2）							28d合格指标（N/mm2）
	1	2	3	4	5	6	取值	
	97.6	91.5	95.4	93.6	92.2	90.8	93.5	≥85

评定结论	试样经检测，所检项目符合JGJ355-2015《钢筋套筒灌浆连接应用技术规程》技术指标要求。		
说明	试验设备：微机控制电液伺服万能材料试验机（YS004）、游标卡尺(YS077)、水泥抗折抗压一体机（YS194）		
意见和解释	——	意见和解释人	——

【声明】1. 部分复制检验报告需经本公司书面批准（完整复制除外）。　报告日期：2021-03-31
2. 委托检测仅对来样负责，报告无"检测专用章"或检测单位公章无效。　电话：0797-8291238
3. 如对本检测报告有异议，可在报告发出后15日内，向本检测单位书面提请复议，逾期视为认可本报告。

批准：　　审核：　　试验：

图 7-5　钢筋套筒灌浆连接接头试件工艺检验报告

结果应符合《钢筋连接用套筒灌浆料》JG/T 408—2019 的有关规定，如图 7-6 所示。

检查数量：同一批号的灌浆料，检验批量不应大于 50t。

检验方法：每批按《钢筋连接用套筒灌浆料》JG/T 408—2019 的有关规定随机抽取灌浆料制作试件并进行检验。

灌浆料的质量控制要点主要包括：

① 产品有效期，适用温度。

② 30min 流动度，最大可操作时间，允许作业最低流动度。

③ 加水率（水灰比）及控制精度要求。

④ 对本构件灌浆套筒、灌浆管路条件的适应性。

⑤ 对拌合、灌浆设备的要求。

赣州中建建设工程质量检测有限公司

GZZJ/JL101-54　　　　赣检统一表

151401340109

有效期至 2021年11月15日

水泥基灌浆材料检验报告

单位工程名称：赣州市章贡区江南府（南区）返迁安置房建设　　　　第 1 页，共 1 页

工程编码	——	报告编号	SNJXG2021010002
委托单位·人		样品编号	SNJXGY2021010002
委托单位地址	——	送检日期	2021-01-30
见证单位·人		检验日期	2021-01-30
取样单位·人		送检方式	见证送检
建设单位		样品名称	钢筋连接用套筒灌浆料
施工单位		样品描述	表面方正，无缺角
检验依据	GB/T17671-1999	型号规格	40*40*160mm TT-100（常温型）
使用部位	四层竖向构件	检测环境	温度：20℃ 湿度：61%

试验结果

检验项目			技术要求	检验结果	单项判定
物理性能	细度		——	——	——
	截锥流动度	初始值	——	——	——
		30min	——	——	——
	流锥流动度	初始值	——	——	——
		30min	——	——	——
	抗压强度(MPa)	1d	——	——	——
		3d	——	——	——
		28d	85	87.8	合格

试验设备	水泥抗折抗压一体机(YSXG006)		
结　论	所检项目符合《钢筋连接用套筒灌浆料》JC/T408-2019常温型套筒灌浆料的性能指标要求。		
备　注	成型日期：2021-01-02		
意见和解释	——	意见和解释人	——

【声明】1. 部分复制检验报告需经本公司书面批准（完全复制除外）。　　报告日期：2021-01-30

2. 委托检测仅对来样负责，报告无"检测专用章"或检测单位公章无效。　　电话：0797-5288976

3. 如对本检测报告有异议，可在报告发出后15日内，向本检测单位书面提请复议，逾期视为认可本报告。

4. 场所地址：赣州市兴国县潋江镇火车站站前东路D01-D02。

图 7-6　灌浆料检验报告

（3）构件专项检验

主要检查灌浆套筒内腔和灌浆、出浆管路是否通畅，保证后续灌浆作业顺利。检查要点包括：

① 用气泵或钢棒检测灌浆套筒内有无异物，管路是否通畅。

② 确定各个进、出浆管孔与各个灌浆套筒的对应关系。

③ 了解构件连接面实际情况和构造，为确定施工方案做准备。

④ 确认构件另一端面伸出连接钢筋长度符合设计要求。

⑤ 对发现问题的构件提前进行修理，达到可用状态。

3. 施工质量要求

竖向构件采用套筒灌浆连接的质量要求包括：

(1) 操作要点

① 连接部位检查。

构件连接面检查：连接面需整洁干净无杂物，高温干燥季节应对灌浆接触表面用水润湿，但注意不能有积水。

连接钢筋检查：用定位钢板或定位架等措施，保证下方构件外露钢筋的位置（钢筋中心点位置允许偏差范围 ±2mm）、长度（$8d_s$ ±3mm，d_s 为外露钢筋的直径）、垂直度满足要求。若外露钢筋发生倾斜时，应进行校正，钢筋表面不应粘有混凝土等杂物，钢筋不应发生锈蚀。

② 构件吊装与固定。

在安装的基础面上放置钢质垫片，通过垫片调整预制构件的底部标高，使构件吊装到位。安装时，用镜子观察底部套筒孔，保证下方构件伸出的连接钢筋均插入上方预制构件的连接套筒内，放下构件后，校准构件的位置和垂直度后支撑固定。

③ 分仓与铺设封仓坐浆料。

用不流动、不收缩的封缝坐浆料预先铺设在剪力墙构件水平缝下方，形成30～40mm 宽的分仓隔墙，单仓最大尺寸不宜超过 1.5m，周圈铺设坐浆料，形成 15～20mm 厚的坐浆料封仓圈。

④ 拌制灌浆料。

使用的灌浆料产品需具有检测报告，确保产品合格。灌浆料使用前，应检查产品包装上的有效期等，先将全部拌合水加入搅拌桶中，然后加入约 80%的灌浆干粉料，搅拌至大致均匀（1～2min），最后将剩余干料全部加入，再搅拌 3～4min 至浆体均匀。搅拌完成后，静置 2～3min 排气，消除气泡。

⑤ 流动性检验、试块制作。

灌浆料搅拌完成并静置后，要进行流动度检验，初始流动度不得低于300mm。每工作班灌浆施工中，灌浆料拌合物现场制作两组，每组3块试块，试块尺寸为40mm×40mm×160mm。

（2）灌浆连接施工检验

① 灌浆孔、出浆孔检查：在正式灌浆前，各个接头的灌浆孔和出浆孔需要逐个检查，确保灌浆套筒内孔路畅通。

② 安装灌浆监测器：除进行注浆和观测浆体的两个灌浆孔外，其余灌浆孔和出浆孔均安装灌浆监测器，灌浆孔安装的是监测器配套的透明胶塞，出浆孔安装的是带弹簧的监测装置。

③ 压力灌浆：采用低压力灌浆，通过控制灌浆压力来控制灌浆过程中浆体流速，控制依据为灌浆过程中本灌浆腔内已封堵的灌浆孔的封堵塞和排浆孔的监测器能够耐住压力不脱落为宜，若脱落则立即重新封堵并调节压力（推荐初始灌浆压力值为0.1MPa）。

④ 灌浆应采用一点注浆的方式。当一点注浆遇到问题需要改变注浆点时，应将已封堵的灌浆孔和出浆孔重新打开，待灌浆料拌合物再次流出后进行封堵。

⑤ 当观测浆体的灌浆孔有成柱状的浆体流出时，封堵该灌浆孔，继续灌浆。

⑥ 当仓体所有排浆孔安装的灌浆监测器内均有灌浆料流入，说明仓体已注满。仓体注满后，调低灌浆设备的压力，开始保压10～30s后再堵塞最后一个出浆口；拔除灌浆管到封堵注浆孔的时间间隔不超过1s。

⑦ 灌浆作业要在灌浆料加水搅拌后的20～30min内灌完，尽量保留一定的应急操作时间。

（3）检查

每仓灌浆完成后观察灌浆监测器监测端液面是否下降，观察是否存在漏浆现象；灌浆完毕后及时填写《灌浆施工检查记录表》。

（4）成品保护

灌浆完成后，应对剪力墙进行成品保护，避免连接件受到扰动而破坏连接强度。当构件灌浆料的强度达到35MPa时方可进入下一道工序。在时间上来看，环境温度在15℃以上的地区，需保证构件在24h内不得受到扰动。

（5）封补预留孔洞

构件成品养护完成后，敲除灌浆饱满度监测器，用水泥砂浆封补孔洞。

4. 施工质量验收

（1）抗压强度检验

灌浆施工中，需要检验灌浆料的28d抗压强度并应符合《钢筋连接用套筒灌浆料》JG/T 408—2019的有关规定。用于检验抗压强度的灌浆料试件应在施工现场制作、实验室条件下标准养护。

检查数量：每工作班取样不得少于1次，每楼层取样不得少于3次。每次抽取1组40mm×40mm×160mm试块，标准养护28d后进行抗压强度试验。

（2）灌浆料充盈度检验

灌浆料凝固后，对灌浆接头100%进行外观检查。检查项目包括灌浆、排浆孔内灌浆料充满状态。取下灌、排浆孔封堵胶塞，检查孔内凝固的灌浆料上表面应高于排浆孔下缘5mm以上。

（3）灌浆接头抗拉强度检验

在构件厂检验灌浆套筒抗拉强度时，采用与现场所用一样的灌浆料和施工工艺。对灌浆接头抗拉强度检验做法如下：

① 检查数量：同一批号、同一类型、同一规格的灌浆套筒，检验批数量不应大于1000个，每批随机抽取3个灌浆套筒制作对中接头。

② 检验方法：实验室拉伸试验。

③ 检查结果应符合《钢筋机械连接技术规程》JGJ 107—2016中对Ⅰ级接头抗拉强度的要求。

（4）施工过程检验

采用套筒灌浆连接时，应检查套筒中连接钢筋的位置和长度是否满足设计要求，套筒和灌浆材料应为经同一厂家认证的配套产品。套筒灌浆还应符合以下规定：

① 灌浆前应制定套筒灌浆操作的专项质量保证措施，被连接钢筋偏离套筒中心线偏移不超过5mm，灌浆操作全过程应有专职人员旁站监督施工。

② 灌浆料应由培训合格的专业人员按配置要求计量灌浆材料和水的用量，

经搅拌均匀后测定其流动度满足设计要求后方可注浆。

③ 冬期施工时环境温度应在5℃以上，并应对连接处采取加热保温措施，保证浆料在48h凝结硬化过程中连接部位温度不低于5℃。

预制构件灌浆套筒和外露钢筋的允许偏差及检验方法如表7-13所示。

预制构件灌浆套筒和外露钢筋的允许偏差及检验方法　　表7-13

检查项目		允许偏差（mm）	检验方法
灌浆套筒中心位置		2	用尺量
外露钢筋	中心位置	2	
	外露长度	10,0	

7.3.2 装配式斜屋面叠合楼板连接

1. 构件安装质量控制

（1）绑扎钢筋网的长度、宽度最大允许偏差为±10mm，尺寸最大允许偏差为±20mm。

（2）绑扎钢筋骨架的高度、宽度最大允许偏差为±5mm，长度最大允许偏差为±10mm。

（3）受力钢筋间距、排距最大允许偏差为±10mm、±5mm，保护层厚度最大允许偏差为±3mm。

（4）每个装配式叠合板安装完成后，吊装小组进行自检，自检合格后形成文字记录并上报项目部，且安装尺寸需满足表7-14的要求。

装配式叠合楼板安装尺寸允许偏差　　表7-14

检查项目		允许偏差(mm)
装配式叠合楼板	中心线位置	5
	标高	±5

2. 钢筋焊接质量控制

（1）材料的检查和验收

① 材料的检查、验收工作由监理单位、总包单位、专业施工单位联合进行。

② 加工前，必须查验焊条的出厂合格证和质量证明书、性能检测报告和复试报告，并符合设计和标准要求。

③ 钢筋表面质量应符合相关标准的要求，焊接用焊材符合设计和标准要求，且不得有锈蚀斑痕等情况。

（2）钢结构焊接质量控制

① 在现场焊接时，一定要注意环境影响，严格控制焊工作业时的外界空气环境影响，雨天禁止焊接。

② 施焊时应严格控制线能量（≤45kJ/cm）和最高层间温度（≤3500℃）。

③ 焊工应按照工艺规程中所指定的焊接参数、焊接施焊方向、焊接顺序等进行施焊；不得自由施焊及在焊道外母材上引弧。

④ 焊接所用焊条必须经过烘烤，并放在焊条筒内。

⑤ 焊接前应将焊缝表面铁锈、水分、油污、灰尘、氧化皮等清理干净。

⑥ 焊缝表面不准出现电弧光伤、裂纹、超标气孔及凹坑。

7.3.3 装配式剪力墙竖向连接铝模板

（1）铝模板加工生产后，在工厂进行预拼装，进行出厂前的检验。

（2）对进场的构配件和材料等进行检查验收，主要包括：原材料验收、构配件尺寸、焊缝检查、支撑构配件各项功能检查，符合设计及相关标准要求后方可使用。

（3）严格按照铝模板施工方案和铝模板相关技术标准安装铝模板。

（4）预制剪力墙构件与铝模板搭接处采用对拉螺杆固定，保证连接牢固。

（5）预制剪力墙构件与铝模板间缝隙预先粘贴泡沫条以达到防止漏浆的作用。

（6）在混凝土浇筑前，应检查每个连接处铝模板螺栓、销钉是否连接紧固，铝模板接缝应符合施工标准要求。

（7）铝模板底部预设10mm施工可调缝，混凝土浇筑前用砂浆封堵。

（8）商品混凝土要有出厂合格证，混凝土所用的水泥、骨料、外加剂等必须符合标准及有关规定，使用前检查出厂合格证及有关试验报告。

（9）严格按照混凝土施工方案和混凝土相关标准要求浇筑混凝土。节点浇筑时使用插入式振动器应快插慢拔，插点要均匀排列，逐点移动，按顺序进行不得遗漏，做到均匀密实。

（10）混凝土浇筑时要有专人指挥，分配好清理人员和抹灰人员。

（11）混凝土养护和施工缝处理必须符合施工质量验收标准及施工方案的要求。

7.4 装配式混凝土建筑质量控制

装配式混凝土建筑施工应按现行国家标准《建筑工程施工质量验收统一标准》GB 50300—2019 的有关规定进行单位工程、分部工程、检验批的划分和质量验收。

7.4.1 装配式混凝土建筑质量控制内容

由于某些单位存在质量意识淡薄，加之目前对装配式结构关键环节的质量验证手段不完善，造成装配式混凝土结构实体质量控制薄弱，参建企业各环节的质量问题在施工现场集中显现。钢筋套筒灌浆饱满性存在质量缺陷、因深化设计要求不清造成节点钢筋随意施工、现浇混凝土结构局部强度低于设计要求、密闭封堵材料使用及施工不规范、构件选用不当及成品质量问题多发等，导致工程存在结构安全隐患。

1. 施工质量问题

（1）结构构件连接

预制剪力墙钢筋套筒连接施工不规范，造成构件连接存在结构安全隐患。部分工程竖向承重构件钢筋套筒灌浆饱满性不符合要求，存在套筒内灌浆料不饱满的情况，影响节点的受力性能。存在局部楼层墙板构件套筒灌浆不饱满，个别套筒内空腔无浆料的情况。部分工程存在剪力墙现浇层与上部预制层转换时，预留竖向钢筋偏位，钢筋外伸长度不足，不能满足安装连接的要求。

预制夹芯墙板结构施工时，外页板的连接件锚入内页板的长度不足，部分因与内页板钢筋碰撞造成偏位，影响外墙板的整体连接性能。部分工程的预制楼梯未按设计要求与临空剪力墙进行拉结。部分单跨的钢筋桁架楼板端部仅搁置在梁侧面牛腿上，缺少侧向固定措施；预制梁扭筋采用预设接驳器形式，部分边梁吊装完成后外侧接驳器被柱主筋阻挡，导致扭筋无法拧入。

（2）防水及封堵节点施工

工程现场外墙防水节点施工质量仍有待提高。部分项目预制夹芯外墙水平缝未在临时固定后进行密封胶和 PE 棒的安装施工，而是用浆料直接封堵。这种施工方式造成外墙拼缝刚性连接，影响自承重外墙板整体变形性能。部分工程对封堵接缝的材料管理不重视，框架结构预制柱的底部截面内封堵料，未按要求检验其抗压强度和变形性能指标。

（3）构件成品质量管理

部分工程构件现场质量管理存在薄弱环节。部分工程扶梯梯段板的选用不符合设计要求，钢筋保护层厚度设计值为 20mm，已安装的梯段板钢筋保护层厚度为 15mm。部分工程预制楼梯梯段板的钢筋保护层控制不佳，扶梯构件的钢筋保护层抽检合格率不符合标准要求。部分工程未设置预制构件堆放场地。墙板构件随意开洞开槽，未实施钢筋位置避让而造成露筋；剪力墙构件键槽位置和深度不符合设计要求。构件表面标识内容不全，出厂日期信息与质量证明书不一致。

（4）预制构件安装

钢筋套筒灌浆施工水平仍有待提高。部分工程预制墙板的灌浆实施与实际吊装施工间隔较长，在实际操作中存在墙板连接处未灌浆或灌浆强度未达到设计要求就已拆除临时支撑的情况。部分工程的现浇楼面或现浇梁顶面标高控制误差较大，造成预制剪力墙外墙实际施工水平拼缝宽度超过设计要求，未对该节点的灌浆和防水制定补救方案就随意施工。局部外墙水平缝大于设计要求的 2cm；部分工程灌浆套筒连接的预制墙板长度超过 1.5m，现场未进行分仓。部分工程的预制剪力墙底部局部拼缝未采用坐浆料封堵，导致有现浇混凝土渗入填塞的情况。大部分工程对套筒灌浆能形成施工质量检查记录和灌浆视频，但视频资料整理不清，视频中存在构件施工部位不清、灌浆孔未标注、灌浆人员与灌浆令中的持证人员不符、灌浆中出现接缝漏浆等问题。

（5）现场钢筋工程安装

存在结构主要受力钢筋不按设计要求设置的情况。部分工程的后浇构造边缘构件的纵向钢筋缺失；叠合楼板的底部钢筋未通长布置；主次梁交接处缺少主梁箍筋；梁柱节点、梁墙节点因钢筋占位，施工安装时任意割断梁上层弯锚钢筋和框架柱伸入节点的纵向钢筋，导致钢筋锚固长度不足。

（6）混凝土质量管理

现场混凝土质量管理仍需加强。部分工程混凝土强度检验试件的见证取样流于形式，标准养护的强度检验报告结论虽合格，但对应的现浇剪力墙板和框架柱的混凝土强度经非破损检验低于设计要求。

（7）项目质量管理体系

项目质量管理体系不完善。建设单位对装配式结构工程质量的现场管理不到位。混凝土构件的首段安装验收程序不规范，存在仅对叠合板等水平构件开展验收，未对墙板类承重构件进行验收的情况。灌浆专项施工方案及防水专项施工方案编制滞后，且对方案执行落实不够。监理旁站流于形式，部分典型质量问题未予以指出。对灌浆作业及吊装作业人员持证上岗制度落实不力，存在安全隐患。

2. 常见问题

（1）工程的构件深化设计图未经原主体结构设计单位审核确认，落实原结构设计意图不清。对于预制梁抗扭钢筋配置、预制框架梁节点钢筋伸入支座情况、预制框架柱钢筋在结构底部和顶部标高处的截面变化要求均未在深化设计图中明确表达。

（2）工程外墙防水节点设计不当造成结构安全及渗漏隐患。预制墙板与预制飘窗等预制构件间拼缝防水节点做法不明确。部分工程防水节点设计采用耐候胶、PE 棒等防水构造做法，削弱了剪力墙受力截面，未进行剪力墙构件承载力复核计算。外墙接缝防水设计节点做法中，未明确防水材料的性能指标及防水设计工作年限，造成后续施工缺乏设计依据。

（3）施工图中缺少预制装配相关内容的表达，设计图纸中未见典型构件平面拆分布置要求，施工图节点详图要求不满足设计深度要求，个别墙板构件开洞造成钢筋外露，深化详图中开洞加强表达缺失。

7.4.2　装配式混凝土建筑质量控制措施

装配式混凝土结构实体质量控制需要多方单位的共同努力，要求建设单位、设计单位、施工单位、监理单位等装配式建筑项目各参与方要自觉落实主体责任，加强构件和部品部件进场、施工安装、节点连接灌浆、密封防水等关键部位和工序的质量、安全管控，强化对施工管理人员和一线作业人员的质量安全技术交底，通过全过程组织管理和技术优化集成，全面提升工程施工质量和经济效益。另外，装配式混凝土结构还需完善其建筑工程质量安全内部管理制度，健全质量安全监管体系。同时，加强对装配式建筑构配件的生产、运输、安装等施工全过程的质量管理，进一步完善生产加工检测、出厂验收相关制度，确保构配件出厂质量合格。

1. 选用先进手段

在装配式混凝土建筑施工中，为有效提升其施工质量，在具体施工过程中必须注重施工先进手段的应用。从我国装配式建筑发展情况来看，射频技术、建筑信息模型是比较好的手段，可以全面促进装配式混凝土建筑的绿色化发展。

射频技术，可以将预制构件的几何信息、物理信息准确地记录下来，在后续的组装、施工过程中，进行构件验收、安装时能及时准确地辨别构件信息，避免出现信息不对称而影响施工质量的情况。

建筑信息模型，是一种现代化建筑工程施工技术，可以有效地避免信息孤岛情况的发生，构建建筑信息模型过程中，以建筑全生命周期为核心数据，对单个设备、装配体数据进行持续管理，判断其与建筑整体的耦合性，从而保证装配式建筑的质量。

2. 建立质量监管机制

对当前装配式混凝土建筑施工现场进行分析可以发现，施工质量与质量监管机制的完整性有极大的关联。很多时候由于质量监管机制缺乏完整性、科学性，导致在施工过程中会出现各种各样的质量问题。因此，在实际施工过程中必须建立健全质量监督机制，要对装配式混凝土建筑施工进行全方位、动态化的管理控制，在完成上一道施工活动后，要严格按照相关标准对其进行检查，进而有效控制装配式混凝土建筑的施工质量。此外，在实际施工过程中还需要对质量监管活动进行规范，保证质量监管能够有序、合理地进行，从而最大限度地提升装配式混凝土建筑的施工质量。